第一次養
上手

讓天竺鼠過得健康長壽的50個重點

田園調布動物醫院院長 **田向健一** 監修

楓葉社

前言

天竺鼠是日本從很久以前便開始飼育的一種特殊動物（Exotic Animal）。以往天竺鼠的定位很適合無法提供貓狗飼養環境的飼主，他們會因為天竺鼠恰到好處的大小而開始飼養。但近年來小動物大受歡迎，而且市面上也出現了各式各樣的品種，以年輕世代為主的飼主透過社群媒體分享大量資訊，天竺鼠的飼主也就隨之增加。

但是，飼育天竺鼠的相關書籍還是很有限。在這樣的背景下，本書以培育出健康長壽的天竺鼠五十個重點為主題，統整出各種天竺鼠的基本資訊，例如天竺鼠的基本資訊、帶回家的事前準備、照顧方式、接觸方式，伴隨著高

齡化問題的照護方法，以及遇到災害時的應對處理等。

天竺鼠能夠利用叫聲來表達意思，這在小動物中是很罕見的。到了吃飯時間或遇到不喜歡的事情時，牠們會透過聲音來表現情緒。天竺鼠是一種能夠對飼主明確表示需求的動物，所以比起其他小動物，天竺鼠更容易與飼主拉近距離，這也是牠們的魅力所在。

希望這本書能幫助生活在各地的天竺鼠，讓牠們過上健康長壽的生活，對身為監修人的我而言，這是再開心不過的事了。

日向　健一

本書的使用方法

本書將劃分成各個主題，介紹天竺鼠的正確飼養方法。除了重點內容之外，還要確認注意事項及遇到問題時的處理方法，就讓我們一起享受有天竺鼠陪伴的快樂生活吧。

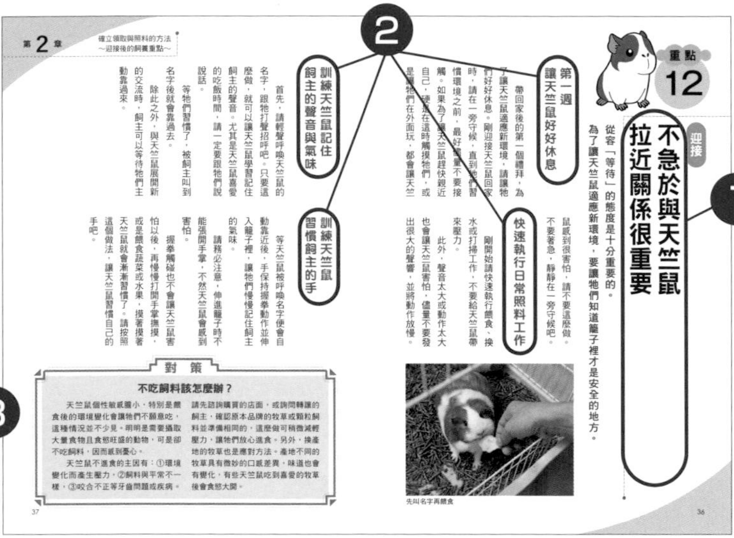

重點 12

迎接

不急於與天竺鼠拉近關係很重要

從容「等待」的態度是十分重要的。為了讓天竺鼠適應新環境，要讓牠們知道籠子裡才是安全的地方。

第一週 讓天竺鼠好好休息

帶回家後的第一個禮拜，為了讓天竺鼠適應新環境，請讓牠們好好休息。剛迎接天竺鼠回家時，請在一旁守候，直到牠們習慣環境之前，最好儘量不要接觸。如果為了讓天竺鼠趕快親近自己，硬是在這時觸摸牠們，或是讓牠們在外面玩，都會讓天竺鼠感到很害怕，請不要這麼做。不要著急，靜靜在一旁守候吧。

快速執行日常照料工作

剛開始請快速執行餵食、換水或打掃工作，不要給天竺鼠帶來壓力。

此外，聲音太大或動作太大也會讓天竺鼠害怕，儘量不要發出很大的聲響，並將動作放慢。

先叫名字再餵食

36

第2章 確立領取與照料的方法 ～迎接後的飼養重點～

訓練天竺鼠記住飼主的聲音與氣味

首先，請輕聲呼喚天竺鼠的名字，跟牠打聲招呼吧。只要這麼做，就可以讓天竺鼠學習記住飼主的聲音。尤其是天竺鼠喜愛的吃飯時間，請一定要跟牠們說說話。

等牠們習慣了，被飼主叫到名字後就會靠過去。

除此之外，與天竺鼠展開新的交流時，飼主可以等待牠們主動靠過來。

訓練天竺鼠習慣飼主的手

等天竺鼠被呼喚名字便會自動靠近後，手保持握拳動作並伸入籠子裡，讓牠們慢慢記住飼主的氣味。

請務必注意，伸進籠子時不能張開手掌，不然天竺鼠會感到害怕。

握拳觸碰也不會讓天竺鼠害怕以後，再慢慢打開手掌撫摸，或是餵食蔬菜或水果，摸著摸著天竺鼠就會漸漸習慣了。請按照這個做法，讓天竺鼠習慣自己的手吧。

對策

不吃飼料該怎麼辦？

天竺鼠個性敏感膽小，特別是餵食後的環境變化會讓牠們不願意吃，這種情況並不少見。明明是需要攝取大量食物且食慾旺盛的動物，可是卻不吃飼料，因而感到憂心。

天竺鼠不進食的主因有：①環境變化而產生壓力，②飼料與平常不一樣，③咬合不正等牙齒問題或疾病。請先諮詢購買的店面，或詢問轉讓的飼主，確認原本品牌的牧草或顆粒飼料並準備相同的，這麼做可稍微減輕壓力，讓牠們放心進食。另外，換產地的牧草也是應對方法。產地不同的牧草具有微妙的口感差異，味道也會有變化，有些天竺鼠吃到喜愛的牧草後會食慾大開。

37

❶各單元大標題

將飼主的疑問或飼育目標分門別類，整理出50個重點。

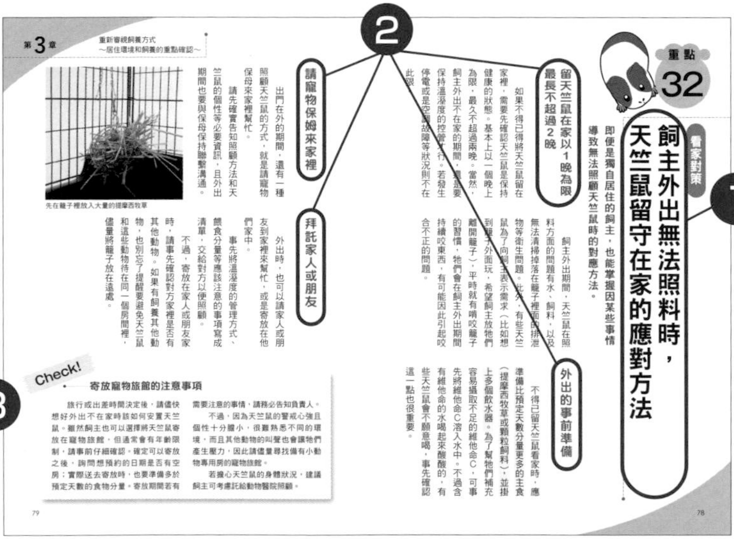

重點 32

看家對策

飼主外出無法照料時，天竺鼠留守在家的應對方法

即便是獨自居住的飼主，也能掌握因某些事情導致無法照顧天竺鼠時的對應方法。

留天竺鼠在家以1晚為限 最長不超過2晚

如果不得已得將天竺鼠留在家裡，需要先確認天竺鼠是保持健康的狀態。基本上以一個晚上為限，最久不超過兩晚。當然，飼主外出不在家的期間，還是要保持溫溼度的控管才行。若發生停電或是空調故障等狀況則不在此限。

飼主外出期間，天竺鼠在照料方面的問題有水、飼料，以及無法清掃掉落在籠子裡面的排泄物等衛生問題。此外，有些天竺鼠為了向飼主表示需求（比如想到籠子外面玩，希望飼主放牠們離開籠子），平時就有啃咬籠子的習慣，牠們會在飼主外出期間持續咬東西，有可能因此引起咬合不正的問題。

外出的事前準備

不得已留天竺鼠看家時，應準備比預定天數分量更多的主食（提摩西牧草或顆粒飼料），並掛上多個飲水器。為了幫牠們補充容易攝取不足的維他命C，可事先將維他命C溶入水中。不過含有維他命的水喝起來酸酸的，有些天竺鼠會不願意喝，事先確認這一點也很重要。

78

第3章 重新審視飼養方式 ～居住環境和飼養的重點確認～

請寵物保姆來家裡

出門在外的期間，還有一種照顧天竺鼠的方式，就是請寵物保母來家裡幫忙。

請先確實告知照顧方法和天竺鼠的個性等必要資訊，且外出期間也要與保母保持聯繫溝通。

先在籠子裡放入大量的提摩西牧草

拜託家人或朋友

外出時，也可以請家人或朋友到家裡來幫忙，或是寄放在他們家中。

事先將溫溼度的管理方式、餵食分量等應該注意的事項寫成清單，交給對方以便照顧。

不過，寄放在家人或朋友家時，請事先確認對方家裡是否有其他動物。如果有飼養其他動物，也別忘了提醒要避免天竺鼠和這些動物待在同一個房間裡，儘量將籠子放在遠處。

Check!

寄放寵物旅館的注意事項

旅行或出差時間決定後，請儘快想好外出不在家時該如何安置天竺鼠。雖然飼主也可以選擇將天竺鼠寄放在寵物旅館，但通常會有年齡限制，請事前仔細確認。確定可以寄放之後，詢問想預約的日期是否有空房；實際送去寄放時，也要準備多於預定天數的食物分量。寄放期間若有需要注意的事情，請務必告知負責人。

不過，因為天竺鼠的警戒心強且個性十分膽小，很難熟悉不同的環境，而且其他動物的叫聲也會讓牠們產生壓力，因此請儘量尋找備有小動物專用房的寵物旅館。

若擔心天竺鼠的身體狀況，建議飼主可考慮託給動物醫院照顧。

79

❷小標題

將大標題的具體內容分成2～5個觀點進行解說。

❸對策與Check！

在不同主題中列出「對策」或「Check！」專欄。

「對策」將介紹針對主題內容的應對處理方式。

「Check！」則是介紹針對主題內容的注意事項。

第一次養天竺鼠就上手　讓天竺鼠過得健康長壽的50個重點

目錄

第2章 確立領取與照料的方法
～迎接後的飼養重點～

第3章 重新審視飼養方式 ~居住環境和飼養的重點確認~

第4章 與天竺鼠心意相通 ~增加彼此歡樂時光的小撇步~

第5章 高齡與疾病照護，以及災害時的應對方針
～保護天竺鼠的其他重點事項～

第1章

重新了解天竺鼠的基本生活知識

～迎接前的準備工作～

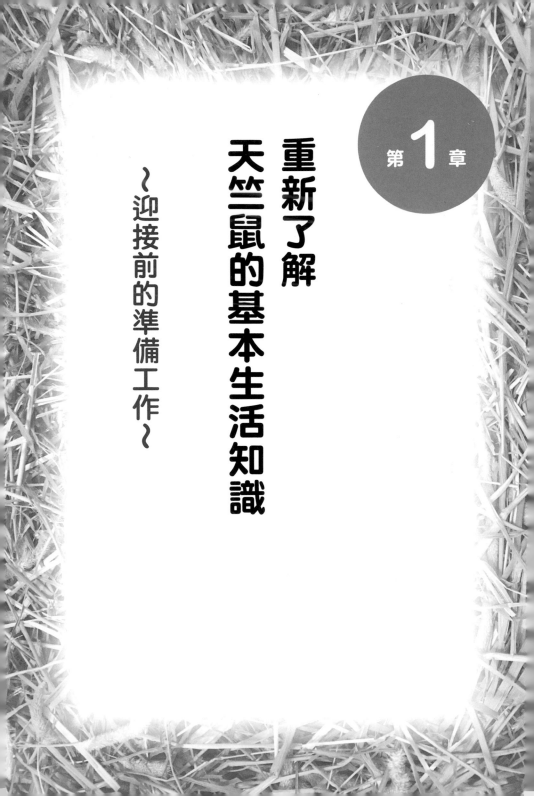

重點 1

天竺鼠的基本知識

重新了解一遍天竺鼠的特徵與注意事項

雖然天竺鼠是從很久以前便為人熟知的動物，但有很多人沒有飼養經驗。讓我們揭開天竺鼠的歷史和習性，一起尋找牠們的原始樣貌吧。

野生原種來自南美洲

天竺鼠和八齒鼠、龍貓（絨鼠）、倉鼠都屬於齧齒目，是豚鼠科豚鼠屬動物。天竺鼠的野生原種來自南美洲，是棲息於草原、森林、岩石地帶、沼澤地等區域的草食性動物。如今的天竺鼠，是被美洲原住民馴化後的動物，不過南美洲某些地區的人，現在仍會將天竺鼠作為家畜來飼養。

警戒心強的原因

天竺鼠原本就是被肉食動物鎖定捕食的草食動物，因此牠們警戒心很強。

天竺鼠依然保有躲在洞穴或隱密處中偷偷生活的習性，據說牠們不會熟睡，有時也會張著眼睛睡覺。除此之外，牠們對聲音也相當敏感。

天竺鼠的警戒心很強

群體活動

原種時代的野生天竺鼠，會以5～10隻為單位展開群居生活，而且同伴之間會互相交流。另外，牠們還會為了決定群體中的地位順序（優位性）而起衝突。據說天竺鼠聚集一起互相交流，可以減輕牠們的精神壓力。

天竺鼠會群居生活

天竺鼠是夜行性動物？

天竺鼠是夜行性動物，因此白天大多較無精打采，到了傍晚會開始變得活潑好動。不過牠們會在飼養過程中愈來愈習慣飼主的生活節奏，有可能會配合飼主的起床與睡覺時間。

我可以配合飼主的生活作息喔。

對策

受飼主的生活節奏影響

正如前面所述，天竺鼠是一種能夠配合飼主生活作息的動物。如果飼主每天都在同樣的時間起床，同樣的時間就寢，過著規律的生活節奏，那麼天竺鼠也能以同樣的方式過上健康的生活。

但如果飼主本身的生活作息不規律，天竺鼠會為了配合飼主而造成生活節奏紊亂，進而破壞身體健康。所以飼主自己也要儘量維持規律的生活作息才行。在健康方面，可以讓牠們在白天感受日光，夜晚不要使用室內燈維持照明，提供牠們昏暗的環境很重要。

主要品種介紹

這裡將介紹眾多品種中的5種主要品種。

英國短毛天竺鼠（普通）

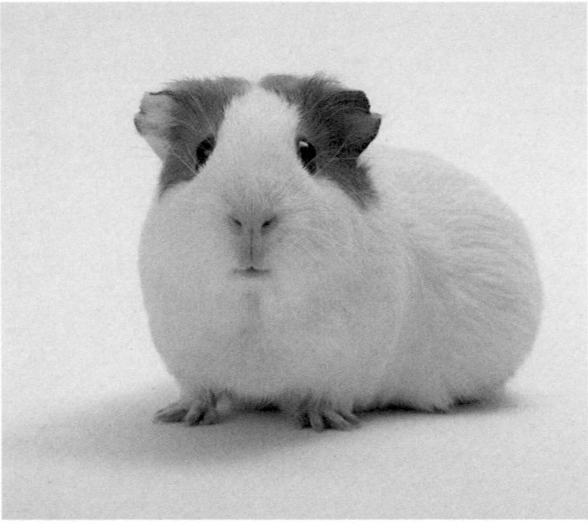

三百多年前在英國改良的短毛品種，表面覆蓋3～4公分的直毛。幾乎不需要花時間修整，是適合新手飼養的品種。毛色種類豐富，個性雖膽小但擅長社交。又稱為「普通天竺鼠」。

泰迪天竺鼠

泰迪天竺鼠是普通天竺鼠的改良品種，因此自然界中並不存在野生的泰迪天竺鼠。特徵是泰迪熊般蜷曲的毛，毛質有軟毛（美國短毛）與硬毛（阿比西尼亞）兩種類型。

冠毛天竺鼠

外觀看起來像英國短毛種，不同之處在於頭部旋毛是立起來的。牠們外觀相似的原因在於冠毛天竺鼠是改良自英國短毛的品種。頭部的毛比較長一點，而身體的毛則較短，因此通常不需要梳毛。

美麗諾天竺鼠

美麗諾在天竺鼠品種當中屬於新的品種（德克塞爾與冠毛的混種）。美麗諾是長毛種，不僅有捲毛，頭上還有旋毛。毛髮容易沾到髒汙，而且經常起毛球，所以每天都必須梳毛。相較而言是更適合進階飼養者的品種。

無毛天竺鼠

外型很像小豬，因此被稱為「Skinny Pig」。這個品種分成鼻子與腳尖有點毛的類型，以及全身無毛的類型。由於身上沒有毛，飼主可省下每日梳毛的時間，飼養過程中必須注意室內溫度管理，並避免患上皮膚病。

重點 2

天竺鼠的基本知識

人與天竺鼠的歷史 ~寵物天竺鼠在日本的起源~

了解人類與天竺鼠相遇的開始。

印加帝國人民的食用家畜

起初天竺鼠進入人類的生活，是從南美洲哥倫比亞安地斯山脈地區的原住民開始，他們馴化天竺鼠，並將其當作食材融入飲食文化當中。

西元１５３０年代，西班牙人侵略印加帝國（主要位於如今南美洲的秘魯、玻利維亞、厄瓜多）之際，當地人稱天竺鼠為「Cuy」，將其作為家畜飼養，並做成料理食用。這件事被記載於相關資料中。

傳入歐洲後成為人為飼養的寵物

１６００年代，德國士兵將天竺鼠帶入歐洲而傳遍各地。在當時，不僅上流階級的人們開始飼養天竺鼠，據說各個社會階級都將天竺鼠當作寵物來養。我們也能在當時的繪畫中見到天竺鼠的身影。

科學實驗的動物

天竺鼠於１７８０年首次被當作實驗動物，法國化學家拉瓦節（Antoine-Laurent de Lavoisier）將天竺鼠用於燃燒實驗中。

直至今日，天竺鼠依然會被用來當作實驗動物。主要原因在於牠們繁殖能力強，對藥物敏感度高，過敏反應與人類相似，而且無法在體內合成維他命C這點也與人類相同。此外，由於天竺鼠價格便宜，可以一次準備大量條件相同的個體。

江戶時代末期由荷蘭人引進日本

日本在1843年的江戶時代末期，荷蘭人將一公一母的天竺鼠帶入長崎。明治時代以後，一般大眾開始將天竺鼠當作一種玩賞動物（即寵物）來飼養。

Check!

名稱由來

日本人通常將天竺鼠稱作「モルモット」（Morumotto），這個稱呼從什麼時候開始出現？

荷蘭人最初將天竺鼠引進入日本時，用英語和荷蘭語告訴日本人這種動物叫作「marmot」（土撥鼠，松鼠科嚙齒動物），但其實他們搞錯名稱了。後來對這種動物的稱呼就演變成「モルモット」。

此外，還有一種日文稱呼是「テンジクネズミ」（天竺鼠）。這是明治時代的動物學會在統一日文名稱時，為避免天竺鼠與松鼠科的土撥鼠混淆才取了這個名稱。「テンジク」的漢字寫作「天竺」，當時的日本人稱呼印度為「天竺」（※譯註：古代中國稱印度為天竺，兩者相通）。

也就是說，人們誤以為這是來自印度的老鼠，所以才被稱作天竺鼠。

天竺鼠的英文名是Guinea Pig，意思是「（西非國家）幾內亞豬」。但這也不是正確的名稱。那麼，為什麼會取這樣的名字呢？

「Guinea」這個詞的由來眾說紛紜。有一說是英國第一次引進天竺鼠時，船隻行經非洲的幾內亞（如今的幾內亞共和國），當時的歐洲人聽到幾內亞都會產生模糊的非洲想像，後來這個詞演變成「遠方之地」的意思，所以才會取了這個英文名。

另一個說法，則是由原產地南美洲的蓋亞那（Guyana／位於南美州東北部，面向大西洋）訛轉成這個名稱。還有一種說法，就是當時發現這種動物的人搞混Guyana和Guinea，本來應該取名為Guyana Pig，結果卻變成Guinea Pig。

重點 3

天竺鼠的基本知識

天竺鼠對聲音與震動很敏感，容易產生壓力

學習天竺鼠的感覺器官功能，進而了解牠們的生活樣貌。

①視覺

天竺鼠的眼睛位於臉部兩側，雖然視力不太好，但是為了保護自己以躲避外敵，牠們的動態視力通常很好，視角寬度可達３４０度。

②聽覺

聽覺十分發達，牠們能分辨出遠處人聲和細小雜音（例如拆開食物包裝袋的聲音）的差異。天竺鼠在人聲吵雜或聽得見其他動物叫聲的地方容易產生壓力，持續的環境壓力會造牠們成食慾不振、軟便或拉肚子，可能會破壞身體健康。

③嗅覺

天竺鼠的視力並不好，所以

眼睛不動，也看得見340度

牠們擁有非常敏銳的嗅覺，聞得出細微的氣味差異，尤其是喜歡的食物會馬上被牠們發現。此外，還能區分其他個體的氣味。

④鬍鬚

鬍鬚是天竺鼠非常重要的感覺器官，可用來判斷自己與物體之間的距離，或是物體的大小、道路的寬廣度。

⑤其他

天竺鼠對震動很敏感，小朋友在附近吵吵鬧鬧地奔跑嬉戲，或是車子經過家裡附近的大馬路所傳出的震動，這些地方都會對天竺鼠造成壓力。

鬍鬚是重要的感覺器官

◆身體的平均值

身高：約20～30㎝

體重：雄性約900g～1,200g／雌性約700g～900g

心率：150～400／分　體溫：38～40度

呼吸頻率：90～150／分　壽命：6～8年

重點 4

天竺鼠的基本知識

如何陪伴天竺鼠？有哪些迎接天竺鼠的管道？

天竺鼠的取得方法有：向寵物店或培育場購買、領養，或是由朋友轉讓。

審慎選擇取得天竺鼠的地點

挑錯取得天竺鼠的管道，最後結果「不盡人意」反而是本末倒置。因此請慎重思考後，再決定要去哪裡取得天竺鼠。

自己也要事先學習一部分天竺鼠的相關資訊，將這些知識準備起來，並且花時間尋找與自己合得來的天竺鼠。

自寵物店取得

到寵物店購買天竺鼠是最普遍的一種取得方式。寵物店人員會熱情接待飼主，飼主也可以事先得知相關飼養建議，後續如果有其他疑惑的地方，也可以向寵物店人員諮詢討論，寵物店是很令人安心的一種選擇。

而且還可以同時在寵物店買到籠子、飼料、寵物用品，這也是優點之一。

向培育場購買

如果你想飼養直到斷奶前都與父母、兄弟姐妹住在一起的天竺鼠，或是正考慮飼養2隻以上的天竺鼠，建議向飼養多隻天竺鼠的培育場購買。由於天竺鼠不習慣在戶外移動，請儘量在家裡附近領取，減少移動的時間。

領養天竺鼠

如果是以領養的方式取得，需要提交各式各樣的領養條件證明，所以一定要先確認好領養條件，還有必須事前了解對方轉讓寵物是否需要收費。領養寵物時，請詳細詢問個體的性格和特質差異。除此之外，也要事先向對方確認好轉交寵物的方式，做好迎接新寵物的準備。

要確認清楚喔！

多了解我一點吧！

Check!

取得天竺鼠的注意事項

為避免事後感到後悔，取得天竺鼠之前，有幾點重要事項需要事先確認。以下事項符合愈多的人，後續照顧起來大多會很辛苦，請務必仔細評估自身情況是否許可。

- ☐飼養環境不衛生
- ☐過早斷奶
- ☐長得太小隻
- ☐長得太瘦
- ☐沒有精神
- ☐討厭與人接觸

此外，只透過網路進行交易討論，購買前未與賣家本人見面就直接運送動物，或是在非動物營業者登記地址的地點見面取得動物，皆為日本動物愛護管理法禁止的行為。請事前確認以上幾點「取得天竺鼠的重點事項」，避免引發問題。天竺鼠的健康狀態也要確實檢查。

※編註：台灣的動物保護法規定業者須取得執照才能販賣、繁殖特定寵物，一般飼主原則上也不得自行繁殖。

重點 5

天竺鼠的基本知識

公鼠愛撒嬌，母鼠性格冷淡且我行我素

一起了解雄性與雌性天竺鼠的身體特徵及基本性格差異吧。

雄性與雌性的身體差異

雄性天竺鼠的體型長得比雌性還大。

剛出生的天竺鼠很難區分雌雄差異，但長到一定程度後會更容易辨認，公鼠的生殖器會膨脹，形成小小的圓形，母鼠的生殖器則會凹成Y字型。

公鼠的性格

雄性天竺鼠很愛撒嬌，更喜歡與飼主交流互動。請多跟牠們玩一玩吧。

雖然天竺鼠傾向和平主義，可是如果將兩隻公鼠放在同一個籠子裡生活，牠們會開始競爭地位優勢，甚至可能發生吵架、打架的情形。或許出人意料，然而公鼠之間可是會引發非常激烈的衝突，所以建議一次只養一隻公鼠比較適合。

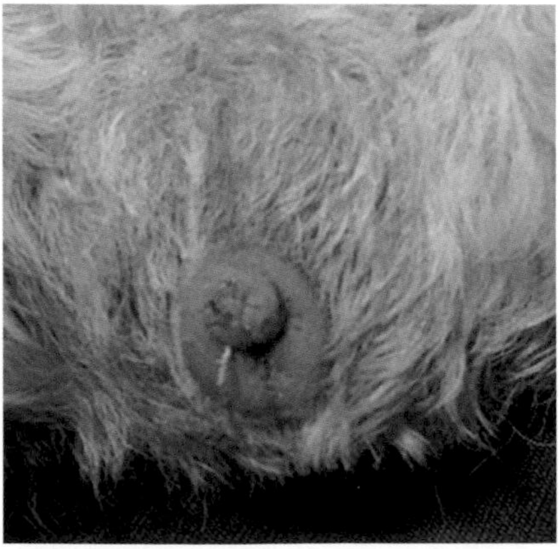

雄性天竺鼠的生殖器官

母鼠的性格

母鼠比公鼠更我行我素，性格上更溫和。但是另一方面，母鼠也有比較事不關己且冷淡的一面。此外，母鼠有著與小孩共同生活的習性，所以牠們和公鼠不一樣，即使附近有其他天竺鼠也不會介意。如果想要飼養多隻天竺鼠，建議你選擇母鼠。

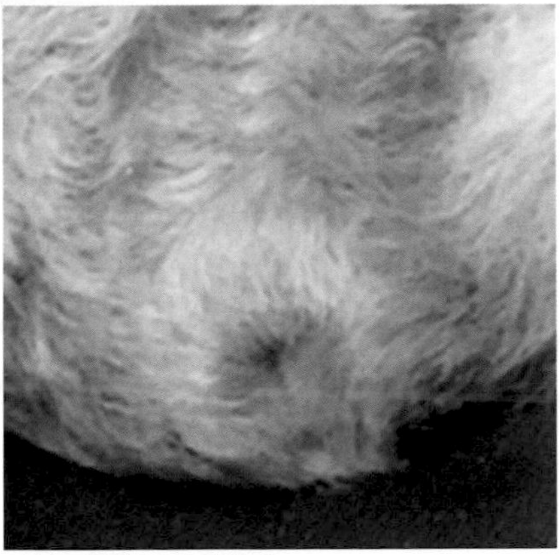
雌性天竺鼠的生殖器官

了解個鼠特質比雄雌差異更重要

雖然一般的公鼠和母鼠都具有前面提及的性格特徵，但是每個天竺鼠都有各自的特質，有些性格會很不一樣。

天竺鼠就像人類一樣，有個性像公鼠的母鼠，也有個性像母鼠的公鼠。所以不能只看牠的性別是公的還是母的，應該去理解你飼養的天竺鼠有什麼樣的特質。天竺鼠和其他動物一樣，牠們是會決定上下關係的一種動物。將多隻天竺鼠放在同一個籠子裡，你可能會發現牠們令人意外不到的性格。

對策

迎接管道的性別鑑定是錯的？該如何是好！

把天竺鼠帶回家後，重新詢問才知道性別鑑定出了差錯──這種情況雖然少見，但偶爾還是會發生。

類似的例子包括：對方告知性別是公，結果帶回家養著養著卻懷孕，這才發現其實是母鼠；或是想買兩隻相同性別的天竺鼠，結果卻是一公一母，發生懷孕這種超出計畫的情況。

如果你會擔心這些事，請帶天竺鼠到動物醫院做性別鑑定。

一般來說，天竺鼠的雌雄性別比其他嚙齒類動物更難以判斷。因為天竺鼠的生殖器和肛門距離很近，要在幼年期判斷出性別尤其困難。基於這個緣故，在極少見的情況下，即便是專業人員也有可能誤判性別。

重點 6

迎接前的準備

如何挑選天竺鼠？健康活力很重要！

希望儘量與天竺鼠長久生活，就更要選擇健康的個體。

挑選時的確認工作

首先，從天竺鼠的外觀來確認健康狀況吧。以下事項符合愈多條件的個體，患有疾病的機率愈高。

健康狀況確認表

- ☐出現眼垢
- ☐眼睛無光
- ☐毛色不佳
- ☐掉毛
- ☐流鼻水
- ☐流口水
- ☐食慾不振
- ☐身上有傷
- ☐頻繁搖頭

如果情況允許，請抱抱看天竺鼠

找到喜歡的天竺鼠後，如果情況允許的話，請抱一抱或碰一碰天竺鼠，確認看看牠的性格。

如果天竺鼠害怕我們的手，那表示牠還不習慣與人相處，警戒心強且難以親近的機率比較高。比較親近店員的天竺鼠，也容易與飼主混熟。

建議選擇出生1～2個月的天竺鼠

天竺鼠出生4個月左右即發育成熟。若是天竺鼠迎接回家時就已經長得太大，警戒心會變得很強，飼主後續飼養需要花上很多時間與耐心，才能與牠們培養抱起來也不會害怕的親近關係。所以建議選擇出生1～2個月左右的天竺鼠會比較好。

由於此時的天竺鼠還很小，請特別留意房間的溫度與溼度調控，還有每日的身體健康管理。此外，為避免天竺鼠產生壓力，請在籠子裡面設置隱密或可以安心休息的地方。

逛逛寵物店或培育場，試著多方比較

當你決定要養天竺鼠後，請實際到寵物店、培育場或領養機構看看天竺鼠，互相比較一下會比較好。

前往店家、飼養員的自宅、動物保護機構之前，請先確認是否需要事先預約。

天竺鼠白天大多在睡覺，選擇這個時段應該很難看出牠們的性格，如果你有看到喜歡的天竺鼠，建議多去看幾次，並且抱一抱或摸一摸牠。你可以在這時參考重點4介紹的「取得天竺鼠的注意事項」。

Check!

開始養天竺鼠之前

安穩老實且親近人類的天竺鼠真有魅力。

只不過，養過天竺鼠的人應該都體驗過了，其實養天竺鼠並非全是好事，有時也會讓飼主感到非常辛苦。

如果希望跟可愛的天竺鼠度過快樂的每一天，飼主必須做好某些心理準備。開始飼養天竺鼠之前，請先確認這些事項。

① 你必須知道附近有哪些動物醫院可以替生病的天竺鼠看診

② 每天換水、換飼料、打掃便盆

③ 想養天竺鼠就要做好花錢的準備，例如飼料費、消耗品費或醫藥費等

④ 積極了解天竺鼠的習性與個性

⑤ 堅持照顧到最後一刻

重點 7

迎接前的準備

新手飼主從單隻飼養開始

如果想飼育天竺鼠，可以單隻飼養，也可以多頭飼養。

還不習慣養天竺鼠之前，建議從單隻飼養開始

天竺鼠本來就是群居動物，所以原則上可以與多隻夥伴共同生活。只不過，如果飼主還不習慣飼養天竺鼠，建議先從單隻飼養開始練習。飼養單隻天竺鼠的過程中，先了解天竺鼠的特徵，記住照顧的訣竅以後，再開始飼養多隻天竺鼠。

多隻飼養須確認天竺鼠間是否合得來

雖然天竺鼠很溫和乖巧，但這不代表牠們就沒有勢力範圍或上下關係（階級順序）的意識。尤其是待在同個籠子裡的公鼠，牠們會為了決定上階級順序而起衝突。此外，母鼠之間、親子之間，或是個性不合的個體之間也會發生吵架的情形。一開始便放入同一個籠子是有風險的，請避免這麼做。

釐清自己是否做得到多隻飼養

假如你打算飼養多隻天竺鼠，除了必須支付飼料費等飼養方面的金錢之外，正如前面所提，為了觀察天竺鼠之間的合適度，起初需要將籠子擺在一起，

觀察牠們彼此的互動情況，所以需要準備多個籠子。而且將天竺鼠放在一起時，也要確保空間夠寬敞。此外，每天的清掃時間還會根據飼養數量而提高2倍或3倍。有可能發生無法掌握每隻天竺鼠健康狀況的情形。再者，飼主住在公寓等的集合住宅裡，就必須考量天竺鼠的叫聲或氣味是否會干擾到附近鄰居。

天竺鼠的同住組合

一般來說，母鼠是可以順利住在一起的組合。當然你也可以按照前面的說明，先仔細觀察個體之間的合適度，再安排牠們住在一起。如果將異性放在一起，牠們即使有血緣關係也會進行交配；如果不希望天竺鼠繁殖，一定要將牠們分別放在不同的籠子中飼養。

3隻英國短毛天竺鼠（雌）

對策

獨居者如何飼養天竺鼠？

有些喜歡動物的獨居者也會飼養天竺鼠。獨自飼養天竺鼠的人，一定要儘量騰出時間與天竺鼠交流。天竺鼠是很怕寂寞的動物。既然要飼養這樣的動物，就意味著必須負起相應的責任才行。

金錢方面，需要花費飼料和寵物用品的費用，生病時也要花時間看醫生，還要支付醫藥費。此外，無論回到家有多累，每天都還是必須做打掃或餵食等工作，照料你的天竺鼠。夏天和冬天都要24小時開著空調，調整室內的溫度。

這些工作並非僅限於獨居飼主，任何人在飼養之前，都應該先仔細思考自己是否能照顧到最後一刻。

重點 8

迎接前的準備

飼養籠的高度如何挑選？網格細與空間寬敞是重點

準備天竺鼠的籠子，開心安全地迎接牠吧。

選用高度約30～40公分的飼養籠

成熟的天竺鼠，跳起來的高度並不高，通常不需要選擇高度太高的籠子；相對地，幼年的天竺鼠跳躍力卻比成年天竺鼠要來得好。

因此在迎接天竺鼠之前，請根據個體差異，選擇高度約30～40公分的籠子。

籠子的出入口較大，打掃起來更方便

建議選擇寵物睡窩，或是出入口較大且易於收放飼料的籠子，打掃起來會更方便。

除了有正面的入口之外，頂部也有開口的籠子，更容易取出上方的東西。

另外可以抽出底盤或附輪子的款式，打掃時也都很好用喔。

不錯的籠子範例（寬620 深505 高500mm）

不使用紙箱或木箱

紙箱很容易吸收汙漬，還有可能被天竺鼠咬出洞或誤食。不僅如此，紙箱和木箱的通風性很差，最好不要用它們代替籠子。

金屬網不易生鏽，選擇細網格更安心

金屬網籠子的挑選方面，請選擇被啃咬也沒問題的款式，例如不易生鏽的不鏽鋼製品。細細的金屬網很容易被咬壞，因此請選擇金屬網比較牢固的籠子。

天竺鼠有可能會從籠子中鑽出逃走，選擇網格密集的款式比較安全。可以用龍蝦扣鎖住出入口，避免天竺鼠跑出去。

我想開心
過日子！

對策

以衣物收納盒製作籠子的注意事項

你也可以使用家中現成的收納箱或是便宜的塑膠製收納箱當作籠子，但使用前，有幾點注意事項須留意。

首先，一定要注意溫度與溼度。頂部要做成網狀以維持良好通風，結構方面，空氣會悶在裡面，所以必須製作通風口（透氣孔）。除此之外，也要特別注意擺放的位置。請放在避免陽光直射，或直接吹到冷氣的地點。也請不要放在溼度過高的浴室附近。

底材方面，使用舊報紙製成的再生廁所砂，讓每天的打掃更輕鬆。若有使用踏板，可能會因絆倒天竺鼠而造成骨折，需要特別留意。天竺鼠吃得多，排泄量也多，因此請隨時準備好踏板的替換用具。

迎接前的準備

籠子內部事先應準備好的必需品

籠子裡一定要先準備好睡窩、躲藏屋、食盆、飲水器、啃咬木和底材。

睡窩或躲藏屋是安心藏身之處

天竺鼠非常膽小且警戒心很強，一定要有藏身的地方，躲在藏身處可讓牠們感到安心。所以請務必在籠子中設置睡窩（請參照重點11）或躲藏屋。若沒有藏身處會讓天竺鼠每天都活在極大的壓力之下。另外，睡窩本身也可以當作一種遊樂場所。建議將藏身處放在地上，也就是高度較低的地方。

躲藏屋範例

食盆、飲水器的擺放位置很重要

食盆需要每天取出來，應該放在出入口等方便進出的位置。飲水器則要設在天竺鼠方便飲用的地方，讓牠們隨時都能喝到新鮮的水。

但飲水盆這類放在地上的款式，天竺鼠會踩進容器裡，或是沾到糞便和尿液，造成環境不衛生，因此建議選用掛籠式的玻璃製飲水器。

食盆範例

飲水器範例

可以安心啃咬的啃咬木

天竺鼠的牙齒會終生持續生長，所以牠們會不停地啃咬東西。咬東西可避免天竺鼠的牙齒長太長，預防前齒咬合不正的問題，也是一種消遣或舒緩壓力的方式。可放心讓天竺鼠啃咬的啃咬木是很好用的用具。如果沒有準備啃咬玩具，那除了睡窩會遭殃（即使有準備啃咬木，牠們還是會咬睡窩）之外，把牠們放到籠子外面時，連私人物品或家具都會被咬破，請多加注意。

廁所砂範例

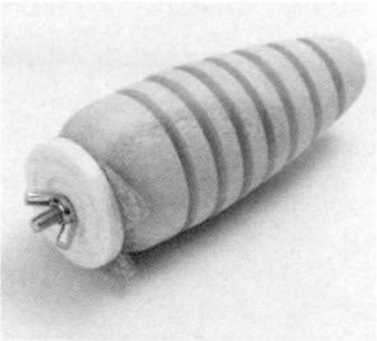
啃咬木範例

考量時間與費用，以更好的方式製作底材

有些類型的籠子底部是金屬網，天竺鼠可能會覺得腳痛，建議將金屬網取出來，另外放入其他底材。前面也有提過，可以使用舊報紙製作的再生廁所砂（市面上有販售商品名為「Yesterday's News」的貓砂）。除此之外，還有以牧草屑或木屑製成的底材（詳見下一頁）。但不管哪種底材都會沾到天竺鼠的排泄物，每次清掃時都必須移除髒掉的部分，因此需要耗費時間與金錢。

對策

天竺鼠記不住廁所的位置？

就天竺鼠的體型而言，牠們算是很會吃的動物，因此糞便和尿液量也很驚人。飼主應該都會希望牠們能在固定的地點上廁所，但請理解天竺鼠是記不住廁所位置的。強迫牠們練習上廁所，做不到便加以斥責，這些訓練行為會對天竺鼠造成壓力，請不要這麼做。

尤其天竺鼠的基礎代謝率很高，無法忍著不排尿。牠們一旦萌生了尿意，便會不分時間或地點當場直接排泄出來。

不過在排便方面，天竺鼠大多會在現場的某個角落排泄，但每隻個體的習性不盡相同。

重點 10

迎接前的準備

挑選增加舒適度的飼育用品

為了讓天竺鼠住得更舒適，一起準備飼育用品吧。

龍蝦扣

為防止天竺鼠在我們不知道的情況下跑出籠子，可用龍蝦扣鎖住籠子作為因應對策。

此外，如果門擋在開關時變鬆了，也可以使用龍蝦扣關緊。

龍蝦扣範例

季節性用品

請配合季節變化，使用可預防中暑的大理石製或鋁製寵物涼墊，對抗寒冬的加熱墊，以及調整溼度用的除溼機。

市面上有直接安裝

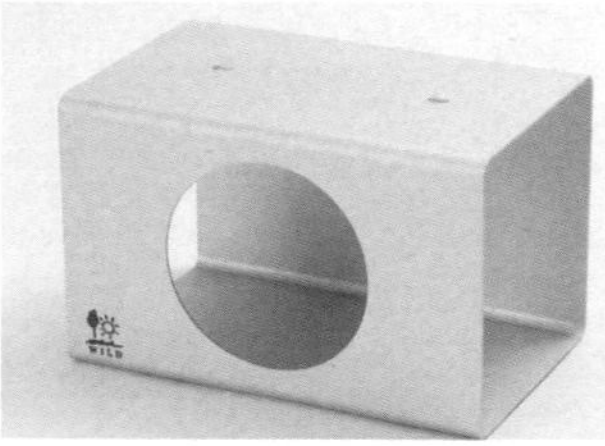

季節性用品範例

在籠子的款式、掛籠型的款式，因此請根據不同個體的狀況進行挑選。

在籠子底部鋪上其他底材或踏墊

關於籠子底下的底材，除了使用前面提到的木製踏板之外，還有木屑（鋸屑）、提摩西等品種的牧草，或是樹脂踏墊等產品。

木屑的吸水性良好，腳踩起來較舒服。建議使用闊葉樹的白樺木或白楊木的木屑，若使用松木或杉木等針葉樹的木屑，可能會引起天竺鼠生病，請一定要選擇經過加熱處理的產品。

最適合餵食的牧草是百慕達草，不僅易吸收水分，乾燥清爽，且不易弄髒寵物身體。

最近也有很多飼主會使用樹脂踏墊，踩不僅起來很舒服，打掃也十分方便。

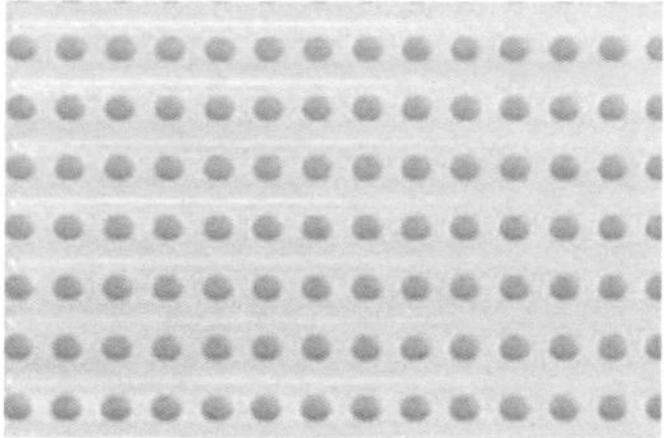
樹脂踏板範例

木屑範例

牧草

籠子裡的底材（提摩西牧草）

體重計

體重計是很好用的寵物用品，可以管理天竺鼠每日的健康狀態。使用以公克為單位的產品也沒問題，但建議挑選最小單位為0．1公克的體重計，可以更方便測量小天竺鼠的體重，用起來更安心。一般來說，我們大多會將天竺鼠放入容器中測量體重，所以建議使用放入容器後，可將重量設定為0的電子體重計。

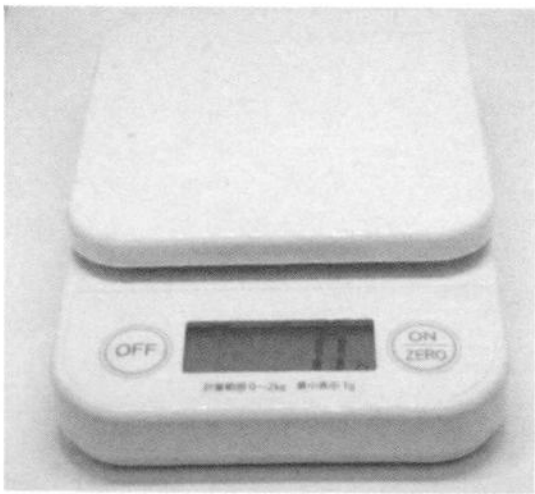

電子體重計範例

重點 11

迎接前的準備

玩具類用品也是天竺鼠的必備飼養用具

一起了解還有其他哪些天竺鼠的必備飼養用具吧。

寵物睡窩

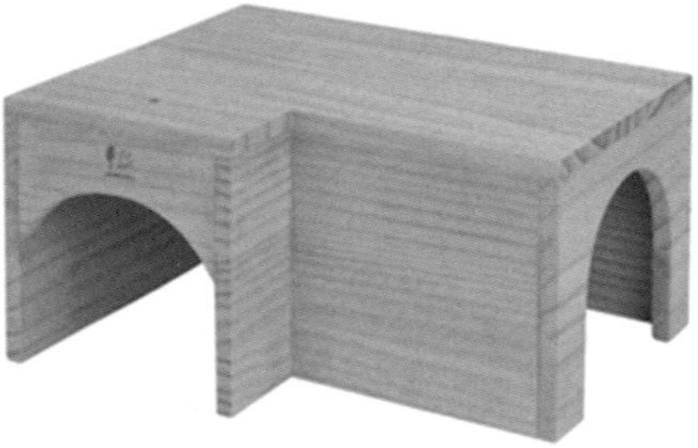

寵物窩範例

正如前面所提及，寵物睡窩是不可或缺的用品。寵物睡窩有木製、牧草製、陶器製等款式。其中的木製和牧草製寵物窩可用來對抗寒冬，但有些天竺鼠很快就會把睡窩咬得破破爛爛。因此，請將這些素材製作的寵物窩當作消耗品，先考慮到可能被咬壞的問題後，再決定是否購買。

階梯範例

階梯

善加利用階梯，可增加天竺鼠上下移動的活動力。階梯還能有效改善運動量不足的問題。

玩具類

準備啃咬木或牧草等材質製成的玩具，提供天竺鼠喜歡的啃咬專用玩具吧。啃咬玩具也能用來打發時間，防止天竺鼠因無聊而啃咬金屬網。

如果想讓天竺鼠多多運動，飼主不妨在可以看到的範圍內，在籠子外面做一個遊戲區，專門給牠們玩耍。不過，為避免意外事故發生，建議使用寵物圍欄，以策安全。

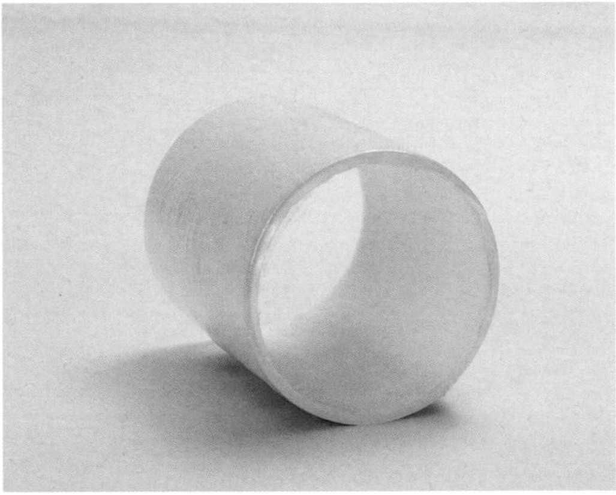
隧道範例

其他推薦的寵物用品

除此之外，天竺鼠很喜歡穿過隧道，所以也可以擺放隧道給牠們玩。

針對會啃咬籠子金屬網的天竺鼠，除了準備啃咬專用的玩具外，建議在籠子裡擺放可啃咬的木製圍欄，藉此預防牠們啃咬金屬網。

玩具範例

Column 1

無毛天竺鼠的魅力點（其之1）

本書針對重點1的主要品種——無毛天竺鼠，邀請日本代表性的飼育員宮西万理小姐，請她談談有關日本無毛天竺鼠的現況，以及展開繁殖與販售事業的來龍去脈。

成為飼育專家的契機

宮西小姐從小就非常喜歡動物，希望從事動物相關的工作，而這一點也成為她投入這行的契機。2015年，她在Instagram上認識了一位專門培育無毛天竺鼠的美國飼育員，這也成為她入行的契機。當時宮西小姐在Instagram上發布很多無毛天竺鼠的照片，某一次在貼文中看到這則留言：「我正在尋找嚴重的飼育員（日本の深刻なブリーダーを探しています）。」宮西小姐看了心生困惑：「什麼是嚴重的飼育員？」於是便聯絡了對方。而這個人，其實是一名培育100多隻無毛天竺鼠的飼育員。

「她很喜歡日本，但以美國的標準看來，在日本販售的無毛天竺鼠品質太低了（毛髮多，也不符合理想體型），她似乎很在意這件事。於是她希望在日本推廣更理想的無毛天竺鼠，所以一直在尋找日本人的飼育員。」

宮西小姐馬上傳訊息過去，對方十分高興，兩人很快便成為了朋友。

從那時起，她便開始向對方學習飼育方法，拜訪彼此的家，計畫將無毛天竺鼠引進日本，並且一起出版電子書籍，執行了各式各樣的計畫。

雙方往來，交情加深

到了2016年，對方來訪宮西小姐在日本的居住地，並且在香川縣待上2個星期。隨著進展，對方邀請她：「一定要來我這裡（加州）看看！」於是宮西小姐便在2017年前往美國加州。

宮西小姐不僅協助對方飼養天竺鼠，也辦理進口天竺鼠的相關手續；兩個人還會在週末一起參加動物保育機構舉辦的活動，讓天竺鼠在公園玩耍。當宮西小姐回日本時，甚至帶了10隻這位飼育員培育的天竺鼠回來。

2016年10月開始，宮西小姐正式在日本開設了繁殖場兼販售店。

目前宮西小姐正積極投入多項活動，主要的工作內容有：

- 從美國的合作繁殖場進口天竺鼠
- 飼養並販售無毛天竺鼠Skinny Pig、Baldwin Guinea Pig（鮑德溫天竺鼠）
- 售出天竺鼠後，在飼主無法繼續飼養時接手照料，並協助尋找領養者
- 於部落格發表飼育方法的文章
- 針對已送出的天竺鼠，回答相關問題
- 出版電子書籍，讓更多人了解Skinny Pig、Baldwin Guinea Pig

（繼續前往專欄2）

第2章

確立領取與照料的方法

～迎接後的飼養重點～

重點 12

迎接

不急於與天竺鼠拉近關係很重要

從容「等待」的態度是十分重要的。為了讓天竺鼠適應新環境，要讓牠們知道籠子裡才是安全的地方。

第一週 讓天竺鼠好好休息

帶回家後的第一個禮拜，為了讓天竺鼠適應新環境，請讓牠們好好休息。

剛迎接天竺鼠回家時，請在一旁守候，直到牠們習慣環境之前，最好儘量不要接觸。如果為了讓天竺鼠趕快親近自己，硬是在這時觸摸牠們，或是讓牠們在外面玩，都會讓天竺鼠感到很害怕，請不要這麼做。不要著急，靜靜在一旁守候吧。

快速執行日常照料工作

剛開始請快速執行餵食、換水或打掃工作，不要給天竺鼠帶來壓力。

此外，太大的聲音或動作太大，也都會讓天竺鼠感到害怕，

先叫名字再餵食

儘量不要發出很大的聲響，並刻意保持動作放慢。

訓練天竺鼠記住飼主的聲音與氣味

首先，請輕聲呼喚天竺鼠的名字，跟牠打聲招呼吧。只要這麼做，就可以讓天竺鼠學習記住飼主的聲音。尤其是天竺鼠喜愛的吃飯時間，請一定要跟牠們說說話。

等牠們習慣了，被飼主叫到名字後就會靠過去。

除此之外，與天竺鼠展開新的交流時，飼主可以等待牠們主動靠過來。

訓練天竺鼠習慣飼主的手

等天竺鼠被呼喚名字便會自動靠近後，手保持握拳動作並伸入籠子裡，讓牠們慢慢記住飼主的氣味。

請務必注意，伸進籠子時不能張開手掌，不然天竺鼠會感到害怕。

握拳觸碰也不會讓天竺鼠害怕以後，再慢慢打開手掌撫摸，或是餵食蔬菜或水果，摸著摸著天竺鼠就會漸漸習慣了。請按照這個做法，讓天竺鼠習慣自己的手吧。

對策

不吃飼料該怎麼辦？

天竺鼠個性敏感膽小，特別是餵食後的環境變化會讓牠們不願意吃，這種情況並不少見。明明是需要攝取大量食物且食慾旺盛的動物，可是卻不吃飼料，因而感到憂心。

天竺鼠不進食的主因有：①環境變化而產生壓力，②飼料與平常不一樣，③咬合不正等牙齒問題或疾病。請先諮詢購買的店面，或詢問轉讓的飼主，確認原本品牌的牧草或顆粒飼料並準備相同的，這麼做可稍微減輕壓力，讓牠們放心進食。另外，換產地的牧草也是應對方法。產地不同的牧草具有微妙的口感差異，味道也會有變化，有些天竺鼠吃到喜愛的牧草後會食慾大開。

重點 13

飼育重點

籠內環境很容易髒，每日清掃兩次是基本原則

打掃環境是健康管理的第一要項，衛生不佳即是疾病的根源。請檢查天竺鼠的排泄物，確認來自身體的重要信號。

每日兩次，將籠子內部清理乾淨

健康的天竺鼠食量很大，排泄量也多。籠子底部的牧草等底材、墊在踏板下面的報紙，或是寵物專用尿墊都很容易髒掉，建議每日早晚各更換一次。

以牧草作為底材，雖然乍看之下很乾淨，但是其實有可能已沾到尿液。放著不管會引起很強烈的惡臭味，以防萬一最好全部換掉。

清掃時確認籠內狀況，檢查天竺鼠的健康狀態

清掃籠子的時候，請養成確實檢查內部狀況的習慣。例如，天竺鼠啃咬睡窩和寵物用具的程度如何？有吃剩的飼料嗎？有可能會絆倒的地方？有容易受

健康狀態的糞便

傷的地方嗎？

另外，打掃過程中也要檢查天竺鼠的健康狀況。有和平常不一樣的地方嗎？有受傷嗎？有精神嗎？

記得清理食盆和飲水器

地上的水盆或飼料盆底部，可能會累積一些吃剩的飼料或糞便。而且天竺鼠平常嘴裡會留下食物的殘渣，喝水時會把水弄髒。所以除了飲水器的飲用口之外，瓶子內部也要記得清洗。

天竺鼠舔到也沒關係的除臭抑菌噴霧

天竺鼠在籠子外面上廁所時，或是打掃籠子內部時，除臭抑菌噴霧是很好用的工具。利用除菌效果打造衛生的環境，預防天竺鼠生病。

但是，不能使用二氧化氯、乙醇、界面活性劑、防腐劑這類會對動物或人體造成危害的除臭劑。請選用小動物專用的產品，如此一來，即使天竺鼠舔到或碰到身體也不必擔心。

對策

天竺鼠的氣味處理方式

天竺鼠發出臭味的原因有很多。其中令人在意的主要氣味來源，是來自於皮脂腺的分泌物。

皮脂腺位於肛門上方（又稱作臭腺），以及從脖子到背部的部位。因此肛門上方的區域氣味會特別強烈。

公鼠與母鼠進入發情期時，此部位會增加分泌量，散發獨特的氣味。公鼠的臭腺比母鼠發達，因此氣味很濃烈。再者，公鼠的發情期不固定，經常發情的個體也不少見，所以有很多飼養公鼠的飼主常為此煩惱。

那麼，我們該如何處理臭味呢？原則上，經常清潔散發氣味的地方可有效抑制，具體來說，你可以使用小動物專用的安全消毒液來除臭。

重點 14

飼育重點

依照天竺鼠的生命週期提供適當的牧草主食

提摩西牧草是代表性的主食，請根據天竺鼠的身體狀態提供飼料。

天竺鼠的主食是什麼？

天竺鼠是澈底的草食性動物，原種天竺鼠會在山岳地帶以野草的莖、根、樹皮為食。

在天竺鼠的主食方面，應餵食生牧草、乾草，以及可攝取到維他命C或其他必要營養素的顆粒飼料。

生牧草和乾草有各式各樣的種類，主要請餵食提摩西牧草，它屬於低卡路里、低鈣、高纖維的禾本科牧草。提摩西牧草吃起來很有嚼勁，可預防牙齒過度生長，並促進腸道活化。

如何提供適當的牧草

天竺鼠的體型雖小，食量卻很大。成長期的一日飼料量是體重的8%，成熟期的飼料量則是6%。即使眼前有非常多飼料，天竺鼠也不會吃過量。牠們知道自己的適當攝取量，所以讓牠們自由食用是沒有問題的。因此請準備能讓牠們一整天隨時食用的牧草量。

此外，苜蓿草屬於豆科牧草的乾草，可在成長期、懷孕期、哺乳期替天竺鼠添加苜蓿草。但請注意，苜蓿草的營養價值很高，餵食過多會造成健康成熟的天竺鼠過胖。

其他的牧草則可以當作天竺鼠的點心。

其他可餵食的牧草

為避免天竺鼠偏愛特定牧草或營養不均衡，建議餵食其他各式各樣的牧草。

除了提摩西牧草和苜蓿草以外，你也可以提供牠們黑麥草、果園草、光頭黍（Kleingrass）、燕麥草等牧草。

1割提摩西牧草

苜蓿草

3割提摩西牧草

2割提摩西牧草

Check!

天竺鼠的代表性主食與餵食方式

提摩西牧草每年收割3次，分別又稱為1割、2割、3割。提摩西牧草能夠提供給全年齡天竺鼠作為主食。此外，對於成長期的小天竺鼠，正值懷孕期、哺乳期的母鼠，則可在平時的飼料中加入苜蓿草。

生牧草或乾草	生命週期	特徵
提摩西牧草	全年齡	1割牧草纖維特別多，最適合作為預防咬合不正的食材。2割、3割比1割牧草還軟，很容易入口。當天竺鼠不太想吃1割牧草時，可增加2割和3割牧草的分量。
苜蓿草	小孩（成長期） 懷孕期或哺乳期的母鼠	含有豐富的蛋白質、鈣質、鉀質、維他命A及胡蘿蔔素。

重點 15

飼育重點

每日兩次顆粒飼料，為天竺鼠補充額外營養

天竺鼠的飼養環境無法讓牠們自由拿取飼料，除了提供主食牧草之外，還需要餵食顆粒飼料。

顆粒飼料也須作為主食的一部分

天竺鼠的主食除了牧草之外，還需要餵食顆粒飼料。

只餵食提摩西草等牧草，並不足以提供天竺鼠的必要營養素。尤其是維他命C對天竺鼠來說是必要的營養，但牠們體內無法自行製造，需要透過食物加以攝取。基於這一點，天竺鼠專用的顆粒飼料中一定含有維他命C，請選擇天竺鼠專用的產品作為餵食牠們的顆粒飼料。

餵食的時機與次數

顆粒飼料請維持在固定時間餵食，分成早上和晚上，一天2次。

天竺鼠是夜行性動物，也可以考慮只在晚上餵食，或是早上給少一點，晚上給多一點。

餵食過後，即使飼料盆中有殘餘的顆粒飼料，還是需要全部換新。

營養豐富的天竺鼠飼料範例

此外，請參考包裝上記載的分量，根據體格和運動量給予相應的飼料量。

顆粒飼料若放太久可能會發黴，請確認最佳食用期限，並且放在低溫陰暗處密封保存。

如何挑選好的顆粒飼料

請多加了解口頭評價或網路評論，仔細詢問寵物店的店員，購買評價良好的品牌。具體上來說，請選擇值得信任的廠牌，包裝有標明原材料和營養成分，儘量不使用含有食用色素或防腐劑材料的產品。

營養成分方面，纖維少、醣類或澱粉多的顆粒飼料，容易引發腸炎或消化道阻塞，必須多加注意。至少也要選擇纖維質15%以上的產品。

更換顆粒飼料的廠牌時應留意的事項

若是突然更換顆粒飼料的廠牌，會造成天竺鼠拉肚子或食慾下降。

建議先在目前使用的顆粒飼料中稍微混入新品牌的飼料，並且逐漸增加新飼料的分量。

更換牧草的方式也是採一樣的方法，請不要一下子全部換成新飼料。

Check!

不要餵太多顆粒飼料

牧草和顆粒飼料的不同之處在於，天竺鼠的牙齒「會使用到什麼程度」，這點需要多加注意。吃牧草會用到全部的臼齒，但顆粒飼料特別容易咬碎，所以可以快速進食。可是如果一直餵食顆粒飼料，會導致臼齒無法研磨，可能引發咬合不正等牙齒相關疾病。

另外，肥胖問題也是顆粒飼料吃太多的缺點。原則上，請給成熟健康的天竺鼠吃可研磨臼齒的牧草，讓牠們大量攝取膳食纖維，預防牙齒或身體的健康問題。至於每日的顆粒飼料餵食量，建議平均落在10～20公克。

重點 16

飼育重點

觀察天竺鼠的狀況，提供野草、蔬菜、水果等副食

除了主食之外，還要提供副食喔。但請注意可不要餵太多了。

野草類

野草雖然不是一定要給天竺鼠吃的食材，但可以有效刺激牠們的食慾，尤其許多野草含有大量的維他命C。

可以餵食天竺鼠的類型，包括蒲公英、繁縷、聚合草、高山蓍、款冬、三葉草、車前草、紫雲英、白三葉草、薺菜、狗尾草等野草。

即使不買野草，也能在庭院、附近的公園、河灘等地方採集，是相當經濟實惠的食材。不過，給天竺鼠吃的野草必須符合新鮮安全的條件。

餵食的時候，一定要再三確認野草是否沾到農藥、除草劑、貓狗的排泄物，甚至是車子的廢氣等。以防萬一，餵食前也別忘記要先用清水洗乾淨（不可使用清潔劑）。

野草
路邊、空地或田地可以找到繁縷。

蔬菜　小白菜

蔬菜類

每天都要餵天竺鼠吃蔬菜，蔬菜也是能攝取到維他命C的食材。可餵食的蔬菜包含紅蘿蔔、大白菜、青椒、甜椒、青花菜、蕪菁葉、花椰菜、高麗菜、小黃瓜、茼蒿、菠菜、小松菜、蕃薯、沙拉生菜、西洋芹、白蘿蔔葉、小白菜、番茄、山芹菜等。生的蔬菜含有很多水分，餵食太多可能造成軟便或拉肚子，請多加注意。主要可餵食水分較少的乾燥蔬菜，或是小白菜、小松菜等黃綠色蔬菜。

水果類

水果是能夠促進天竺鼠食慾的食材。雖然水果含有大量的維他命C，但同時也含有很多醣類，所以不能餵太多喔。攝取過多還有可能引發肥胖問題、糖尿病或蛀牙。

橘子、蘋果、草莓、香蕉、奇異果、梨子、桃子、鳳梨、木瓜都是天竺鼠可以食用的水果。如果要將水果當作點心，可以直接切下一點果肉，也可以餵食少量的市售果乾。

對策

冷藏的飼料，應退冰至常溫再餵食

在餵食方面有一件事需要注意，我們會為了保持新鮮而將食物保存在冰箱內，所以夏天特別容易直接拿冷藏過的食材給天竺鼠吃。但是天竺鼠非常不耐冰冷的食物或飲品。所以從冰箱拿出飼料後，請先退冰至室溫再餵食。順帶一提，你也可以在冬天的飲用冷水中加入溫水喔。

水果　香蕉乾

重點 17

飼育重點

順利餵零食的方法

餵天竺鼠零食的目的，是為了交流和排解壓力。

與天竺鼠交流才是餵零食的目的

一般通稱的零食，是指有別於主食和副食，額外餵食寵物的食物。因此請不要因為有了零食而減少主食的量。再者，餵天竺鼠吃零食的目的，主要是為了增加互動及排解壓力。

順帶一提，可作為天竺鼠零食的食物，主要有生水果、水果乾、野草、藥草、寵物保健食品這幾種品項。

生水果和水果乾

如同前面單元所述，餵食太多生水果或水果乾可能會引發肥胖或蛀牙的問題。請參考可以餵食（參照重點16）和不可以餵食（參照重點18）的水果有哪些，並且以少量餵食為主要原則。

餵零食的模樣

蔬菜、野草和藥草類

將蔬菜、野草或藥草類當作零食時，與前一項相同，同樣請參考前面單元，確認可以餵食（參照重點16）和不可以餵食（參照重點18）的類型有哪些，並以少量餵食為主要原則。特別是藥草類的零食會根據種類而有不同的功效，餵食前請確認其中的成分。藥草類當中，建議選擇可安心餵食的羅勒、義大利香芹和芝麻菜等。

不過，天竺鼠也有自己喜歡吃和不喜歡吃的野草。如果有特別不吃的野草，以防萬一最好不要餵食。

寵物保健食品

保健食品中通常含有維他命C或乳酸菌等配方，市面上有販售固態的藥片、凝膠狀或粉末狀的種類。特別是粉末狀的保健食品，需要混入飲用水後餵食，但由於水會變酸，有些天竺鼠並不喜歡。不論如何，餵天竺鼠吃零食時，請同時確認一下牠們的喜好吧。

以零食作為獎賞

對策

天竺鼠會吃糞便

食糞行為是指，天竺鼠會食用自己排泄的「糞便」，稱為「盲腸便」。無法一次吸收的蛋白質等營養，以及盲腸內部的細菌，會合成含有維他命B等物質的糞便；天竺鼠會將它們再次吃進體內，以獲得必要的營養素。這絕對不是異常的行為，牠們只是為了攝取很重要的營養素而已。

盲腸便與平常排出的圓形糞便從外觀上便不同，是更軟的「軟便」，但如果是更加軟的糞便，很有可能是拉肚子了。就健康管理的角度來看，當天竺鼠拉肚子時就需要看獸醫，但若是出自副食或零食裡的水分太多，則應該減少餵食水分多的食物（如蔬菜或水果），持續觀察狀況。

重點 18

飼育重點

了解不能餵食的食物和正確的餵食方法

接下來讓我們了解一下，有哪些不能餵食的食物，以及可餵食的食物中，有哪些正確的餵食方法吧。

野草類

天竺鼠食用牽牛花、魁蒿、菊蒿、咬人貓、歐洲蕨、龍葵、毒芹、燈籠果等野草時，會有引起食物中毒的風險，請注意不要餵食。

牽牛花

蔬菜類

包含洋蔥或蔥等蔥類、韭菜、馬鈴薯芽、馬鈴薯皮、酪梨、蒜、番茄的花萼與莖、生豆類等食物。其中除了馬鈴薯芽以外，其他都是人類平常吃了完全不會引起中毒的食材，但對天竺鼠來說卻是有毒的食材，絕對不能餵牠們吃。

洋蔥

堅果類

天竺鼠的能量來源是纖維質，不太需要攝取脂肪。相對來說，扁桃仁（一般又通稱杏仁果）、胡桃、腰果等堅果類的脂肪太多了，若是餵給天竺鼠吃，恐怕會引起身體不適。

扁桃仁

觀葉植物

觀葉植物中有許多具有毒性的植物，例如鈴蘭、鐵線蓮、番紅花、仙客來、常綠杜鵑亞屬、長春花等。

天竺鼠在房間裡散步，只要稍微離開飼主的視線範圍內，便有可能啃咬房內的觀葉植物，請多加注意。

鈴蘭／散步時需注意盆栽或庭院植物

可以餵食 但必須注意的食物！

可以餵食的蔬菜包含紅蘿蔔、高麗菜、小黃瓜、茼蒿、菠菜等，但這些蔬菜其實含有一種ascorbinase（抗壞血酸氧化酶）的物質，天竺鼠一旦生吃，這種麻煩的酵素就會破壞維他命C。因此，如果同時餵牠們吃蔬菜和可攝取維他命C的飼料，就會達不到效果。餵食上述蔬菜時，請單獨餵食或餵乾燥的蔬菜，也可以將蔬菜煮一煮，藉此破壞酵素的功能。

紅蘿蔔是必須注意的食材

重點 19

飼育重點

用品推薦！比水盆好用的水瓶

天竺鼠水喝得很多，所以要讓牠們隨時都能喝到水喔。

建議使用飲水瓶給予天竺鼠飲用水

喝飲水瓶的樣子

一般來說，使用家中自來水作為天竺鼠平時的飲用水，這麼做沒有問題。

不過，坊間常見的喝水工具主要有飲水瓶和水盆，但為了避免天竺鼠在移動時踩到或踢到，導致不小心跌倒，建議使用飲水瓶會比較方便。

除此之外，因為天竺鼠非常喜歡咬東西，建議飼主最好選用飲用口是以不鏽鋼或玻璃這兩種材質製的水瓶。

放置在地上時可搭配水盆喝水

不過，有些天竺鼠不喜歡喝飲水瓶的水，反而只願意喝水盆裡的水。

如果用水盆餵牠們喝水，通常水盆會比水瓶更容易混入異物，很容易把水弄髒。因此使用水盆時，必須比使用水瓶時更注意觀察。

每日1～2次更換新鮮的水

由於平時餵食的牧草主食與顆粒飼料的水分含量很少，我們必須讓天竺鼠主動用飲水瓶攝取水分。

但是，天竺鼠的嗅覺十分靈敏，不新鮮的水會讓牠們產生壓力。因此飼主每天都要提供新鮮的水，打造天竺鼠想喝就能喝到水的飼養環境。

如果天竺鼠因喝太多水而拉肚子，請觀察一下牠們的狀況，並且減少供水量。另外，即使拉肚子的原因並非來自於直接性的供水，而是因為生蔬菜的水分太多，也需要減少供水量喔。

以飲水瓶餵水的其他注意事項

天竺鼠喝水的時候，食物的殘渣可能會經由瓶子的飲水口流回去。因此經常發生雖然水瓶的外觀很乾淨，但其實內部早已汙染不堪的情形；為了保持整潔，換水時請倒掉髒掉的水，並且仔細清洗瓶子內部。

天竺鼠每日的飲水量約為100～500毫升。如果發現天竺鼠喝下超出需求量的水量，很可能是罹患了糖尿病。

因此，當飼主每日更換飲水瓶時，請務必仔細確認水量。

對策

天竺鼠不願意喝水，該怎麼辦？

天竺鼠本來就是天性敏感的一種生物。剛開始迎接回家飼養時，劇烈的環境變化可能會讓牠們不想喝水、也不想吃飼料。另外，有些天竺鼠甚至會因為討厭自來水中的氯成分臭味而不願意喝水。

如果飼主發現原因是出自前者，只要讓天竺鼠慢慢適應新環境後，牠們自然就會願意喝水了。可是如果原因是後者，建議不要馬上餵牠們喝自來水，可以先放置一天後，再試著餵牠們喝。只要天竺鼠習慣了自來水的味道，之後就算不放一天牠們也會願意喝水。不過，若是為了天竺鼠的健康著想，飼主也可以使用小動物專用的飲用水或淨水棒。

重點 20

飼育重點

使用塑膠製品應特別注意，並記得木製品是消耗品

天竺鼠是具備啃咬習性的動物。請以可啃咬的物品為前提，挑選飼養用品吧。

請記住天竺鼠是一種會啃咬物品的動物

新手飼主往往會感到疑惑，為什麼天竺鼠會咬各式各樣的東西，例如啃咬木、階梯或是木箱呢？

啃咬的原因是為了排解壓力，並研磨持續生長的牙齒。而且，一旦牙齒變長，就會讓天竺鼠發癢難耐。所以請記住，天竺鼠一定會出現啃咬物品的行為，這是飼養時肯定會遇到的習性。

提供寵物玩具預防疾病與壓力

若是無法自在地啃咬東西，天竺鼠便會累積壓力，可能因此破壞身體健康。如果不磨牙而放任生長，將會造成牙齒咬合不正的問題。

可以啃咬的木製品

對於天竺鼠來說，啃咬物品是維持身體健康的重要工作。因此請各位飼主準備可以安心啃咬的玩具，讓牠們能夠自由自在地咬東西。

不過，把天竺鼠放出在房間裡散步時，牠們可能會咬電源線，因此請先確認周圍是否有電源線，並且加上保護套。

選擇陶製餐具、木製或稻草編織的玩具

塑膠製或布製品一旦被天竺鼠咬了，細小的碎片或棉花會被牠們吃進肚，如果累積太多異物，可能會引發腸阻塞等疾病。

為避免發生前述問題，請選擇陶瓷器或不鏽鋼製餐具，或是準備難以啃咬的材質，如強化玻璃製用品。玩具則建議選用木製或稻草編織的款式。

不過，不同個體的個性和喜好不盡相同，讓我們以愉快的心情來尋找適合天竺鼠的玩具吧。

玩具的種類與注意事項

天竺鼠喜歡的玩具有很多種，例如啃咬木、在地上玩的運動跑球、隧道等。不管是哪一種玩具，都需要選用咬了也完全沒問題的物品。

舉例來說，不能因為牠們喜歡咬木頭，就準備含有著色劑的木製品，也不能使用夾板或木薄片的製品，或是含有黏著劑、防蟲劑、防腐劑的用品。此外，釘子之類的零件也可能讓天竺鼠受傷，總之，對健康有害的東西都應該避免。

啃咬木、階梯、木箱都是消耗品

啃咬木、階梯或木箱之類的玩具，總有一天都會被啃咬殆盡，我們必須將這些玩具視為消耗品。

如果壞掉了，或是被咬過的地方凸出來了，一旦讓你察覺到可能會導致天竺鼠受傷的風險，就要馬上更換才行，因此請事先準備好多個備用品。

重點 21

飼育重點

生活更舒適的環境條件為室溫23度、溼度40%以上

為天竺鼠打造舒適的生活環境，溫度和溼度的控制也是不可少的條件。

野生的天竺鼠曾居住在乾燥寒冷的氣候帶

原始的野生天竺鼠居住在南美洲的高地，牠們身處在氣溫低且溼度幾乎為0%的環境。因此天竺鼠的天性非常不耐高溫潮溼的環境。

如果想在這樣的環境下飼養天竺鼠，溫度和溼度的控制可說是必要條件。

建議根據地區和氣候來做調整，通常大約4月開始使用空調，直到溫度和溼度升高的6～10月之前都得要二十四小時開著空調。

但是，為了維持天竺鼠的健康狀態，不分時節整年開著空調，溫度和溼度維持固定，牠們會住得更舒適。

附有溼度計的溫度計／舒適的溫度約為20℃～26℃，溼度為40%～60%

必須準備空調和溫溼度計

空調和溫溼度計，是飼養天竺鼠時的必備工具。

但是，每一隻個體的適用溫度不盡相同，因此必須確認你飼養的天竺鼠會不會覺得太冷或是太熱。

一般而言，天竺鼠感到舒適的溫度是18～26度（沒有毛髮的無毛天竺鼠則是20度～）。不干擾生活的溫度是15～30度，溼度則是30％～70％左右。

最糟的情況之下，至少一定要讓牠們在前述的條件範圍內居住，因此請務必維持室內的溫度和溼度。

仔細清掃冷氣機濾網，整理房間地板

當家裡開始飼養天竺鼠後，放有籠子的房間會經常散落毛髮（無毛天竺鼠除外），所以飼主必須仔細清掃空調和房間才行。

清潔時，不僅要打掃籠子內部與周邊環境，也需要仔細清掃人的居住空間。

對策

天竺鼠的換毛期

天竺鼠的換毛期是每年2次，一整年的換毛期大約為冬季到夏季，以及夏季到冬季這兩段期間。具體來說，春天的換毛期是從冬毛換成夏毛，秋天的換毛期則是夏毛換成冬毛。

不過上述只是基本原則，換毛期會根據飼養環境而變化，不一定每次都在固定的期間換毛，也不見得依照循環次數換毛，時間大多不固定。其中也有一年換超過2次毛的例子。

天竺鼠進入換毛期的期間，房間裡會散落大量毛髮，飼主需要做好心理準備，請比平常花更多的心思在空調和地板的清潔上。當然換氣也是必須做的事，這段期間請仔細留意，避免房間的溫度和溼度劇烈變化。

重點 22

飼育重點

梳毛梳得好，更能加深人鼠信賴感

為了不讓天竺鼠生病，飼主必須配合飼養的天竺鼠提供相應的照護。

為什麼需要梳毛？

有毛髮的天竺鼠，又可分成短毛種和長毛種。

無論是短毛種還是長毛種，飼主都能藉由平時的梳毛過程，為天竺鼠進行例行健康檢查，看看身上是否有蟎蟲或蝨子，或是否患有皮膚病。

除此之外，長毛種天竺鼠的毛髮由於較長，特別容易沾到垃

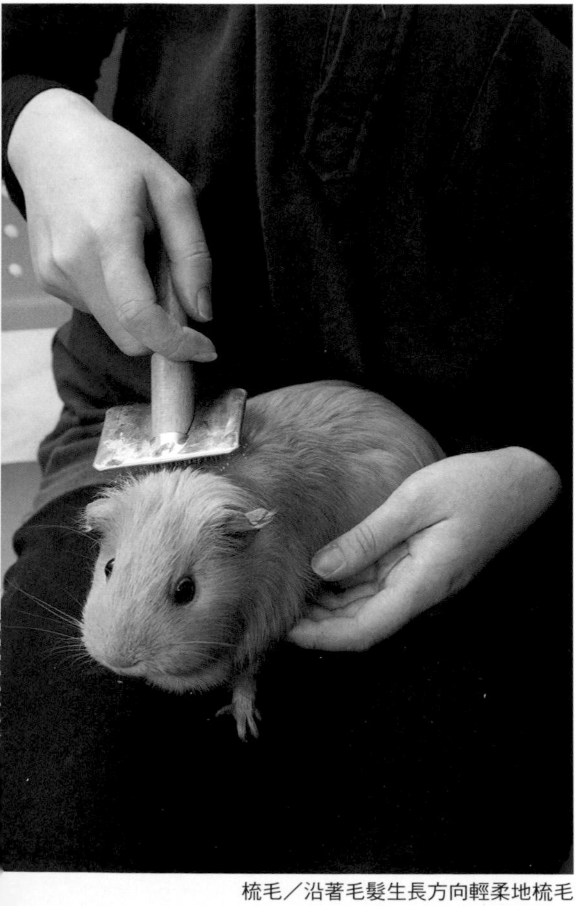

梳毛／沿著毛髮生長方向輕柔地梳毛

圾或排泄物，變得很不衛生。不僅如此，長毛種的毛也經常纏在一起，如果放著毛髮糾結產生的毛球不管，可能會罹患皮膚病，或是在牠們自行理毛時把毛球吃進去，引發毛球症（請參照重點44）。為了預防前述問題，飼主必須多加照料。

短毛種天竺鼠建議2～3天梳毛1次，長毛種天竺鼠則得稍微勤奮梳毛，需要1天1次。

梳毛的方法

為天竺鼠梳毛時，首先在膝蓋上蓋張毯子，將天竺鼠放在腿上，一邊確認毛髮和皮膚的狀況，一邊由頭部往臀部輕柔地梳理，就像撫摸的感覺。梳好全身的毛後就完成了。

毛髮如果變長就必須稍加修剪

長毛種天竺鼠的毛髮變長後，腹部和臀部附近很容易沾到牧草，或是被尿液或糞便弄髒。但即使同樣都是長毛種，不同品種的毛質及毛髮生長位置（例如頭部、側腹、腹部、臀部周圍等）卻都大不相同。

包括梳子無法梳開的糾結毛髮在內，請將感覺太長的地方修剪掉。但在剪毛的時候，天竺鼠可能會因為不喜歡而突然亂動，請特別小心留意。建議不要勉強牠們，等待下一次時機到來時再動手。

對策

幫天竺鼠洗澡

天竺鼠不太需要洗澡，但如果味道太臭或身體變得很髒，讓飼主感到很在意時，可以用熱水幫牠們洗澡。

洗澡時需要注意，由於洗髮精會強烈刺激天竺鼠的皮膚，因此請減少使用。倒入熱水之前，先將天竺鼠的腳放在地面，熱水倒至腳邊的高度即可。臉部不要弄溼，可以清洗臉部以外的整個身體，一定要小心避免耳朵進水；洗好澡後要馬上擦乾身體。

擦乾的過程中，有些地方也需要多留意。通常我們會用毛巾擦乾水分再用吹風機吹乾，請先用自己的手確認風的溫度。如果天竺鼠很討厭吹風機的聲音或吹出來的風，請稍微拿遠一點，花時間慢慢吹乾。

重點 23

飼育重點

每1～2個月修剪一次趾甲

天竺鼠的趾甲如果變長了，請飼主適度修剪。

天竺鼠必須剪趾甲

原本生活於大自然中的野生天竺鼠，趾甲會在活動過程中自然磨損，所以並沒有修剪趾甲的必要。

然而，寵物天竺鼠的飼養環境和野生環境很不一樣，牠們沒有機會磨損趾甲，因此趾甲會任意生長。由於每隻個體的狀況各不相同，如果發現趾甲生長速度較快，建議每1～2個月就需要剪一次趾甲。

如果放任過長的趾甲不加理會，在行走方面會對天竺鼠造成不好的影響，像是勾到東西而受傷，或是在飼主抱起天竺鼠時，手或手臂也容易被趾甲刺傷。

剪趾甲的時機與方法

只要發現天竺鼠的趾甲前端

剪趾甲／一定要2人一起處理

彎曲或是很尖的時候，就是剪趾甲的好時機。

首先將天竺鼠抱到腿上，抓好牠的指尖，確認趾甲的血管位置。用趾甲剪將超出血管1～2毫米處的趾甲剪掉。

由於每根腳趾的趾甲長度程度不盡相同，只要修剪掉確實變長的趾甲就行了。

如果剪了趾甲之後，飼主的手臂依然有被抓傷的情形，就有可能是因為別根趾甲太長，或是剪得不夠短而造成。遇到這種情況時，請先剪看看其他腳趾的趾甲，確認一下是否還會持續刮傷手臂。

一開始嘗試剪趾甲時，建議兩人合作，一位負責剪趾甲，另一位負責固定天竺鼠。

磨趾甲的方法

如果飼主實在很怕幫天竺鼠剪趾甲，也有不需要修剪，就能將趾甲削短的好方法。

具體操作方法為中指放在天竺鼠的手臂邊，手掌包住天竺鼠的腳，穩住牠們的身體，單手輕輕抱著。另一手拿著趾甲銼刀，慢慢將趾甲磨短。

使用銼刀磨趾甲的時候，會發出很小聲的喀喀聲，可以吸引天竺鼠的注意。另外也建議將天竺鼠放在細網格的手提籠或籠子裡，用牠們喜歡的東西引誘，趁這時磨短牠們的趾甲。

如果趾甲變長了，請飼主進行適度的修剪。

對策

剪得太靠近肉了，腳趾出血怎麼辦？

剪趾甲時因失誤而出現流血時，請不要慌張，拿乾淨的紗布按住傷口。

如果出血量只有滲出一點血，只要止血數秒到數分鐘便能停止出血。但是，如果發生大量出血的情形，就要使用市售的寵物專用止血粉。市面上有販售粉狀的止血產品，建議不妨事先備好，以便日後隨時應對流血的狀況。

除此之外，如果天竺鼠身上有沾到血，請一定要儘快擦乾淨。這是考量到血液很有可能會成為許多疾病的感染來源。

萬一天竺鼠的出血狀況實在太嚴重，建議應送往專門診療特殊動物的獸醫院治療。

重點 24

飼育重點

每天勤於執行健康檢查

對飼主而言，健康檢查是很重要的每日工作。每天都不能怠惰，要確實執行喔。

確認食慾是否正常

餵天竺鼠吃飯時，請確實確認牠們是否有食慾，或是否出現想吃卻無法順利進食的症狀。

餵天竺鼠吃東西時，如果牠們馬上開始進食就代表有食慾，是身體健康的證據。

除此之外，請每天同一時間提供相同分量的水，並且確認水的增減狀況。

觀察天竺鼠的樣子

當天竺鼠睜大眼睛時，請觀察眼睛是否清澈，是否有眼垢或眼淚，有沒有流鼻水，呼吸是否混亂，或是耳朵有沒有散發出異臭味。

也要仔細觀察外觀，日常進行健康檢查，例如確認毛色和光澤度，是否脫毛，會不會直接看得到皮膚，是否拖著腳走路。

檢查排泄物

請每天仔細確認排泄量是否比平常少，是否比較小，有沒有軟便或拉肚子，尿液中是否混著血，是否有異味，排便或排尿時是否會痛。

測量體重

每天在固定時間量體重，在

日常健康管理及疾病的早期發現上會有所幫助。

如果天竺鼠的體重高於平均值，有可能是肥胖的問題；如果飲食量不變，體重卻下降，則有可能是牙齒咬合不正，或是罹患其他疾病。

若飼主有生病相關的疑慮，請將日常記錄表一同帶去動物醫院就診。對飼主來說，健康檢查是非常重要的日常例行工作，請每天都不要怠慢，並且務必確實執行。

記錄表範例

日期　西元●年■月▲日

Name：

今日體重：　　　　　g

今日玩耍時間：下午●時～下午●時

	主要檢查項目	種　類	分量（g）
食物	主要餵食		g
			g
	零食		g
健康狀況	狀態	有精神、沒精神	
	糞便狀態	正常、異常	
	有疑慮處		

Check!

記錄天竺鼠的每日健康狀況

每天記下天竺鼠的健康狀況，就能確認身體從何時開始不適，食量是否改變等資訊，對於診察和治療都能有所幫助。送到動物醫院就診還有其他優點，給獸醫師看診更容易發現疾病的徵兆和起因。

飲食的種類、分量、體重、排泄物的狀態、精神力，外觀的狀態或是令你在意的地方，就算只是簡單記錄也可以，建議飼主依照上述內容留下每日紀錄。

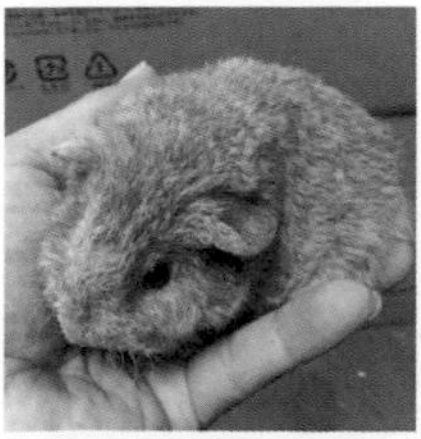

飼育重點

天竺鼠寶寶一出生看起來就像成年鼠

一起了解嬰兒時期（出生後2、3週）的相關知識吧。

剛出生的天竺鼠寶寶看起來就像大人

剛出生的天竺鼠寶寶，身體通常約為8公分左右，體重約50～100公克。

一般認為天竺鼠是早熟的動物，一出生就擁有毛髮和牙齒，眼睛也看得見。外型看起來和成熟的天竺鼠沒有太大差別，出生時看起來就像縮小版的成鼠。

出生1小時就能自行走路

天竺鼠出生大約1小時後，就有辦法自己走路。比較早熟的小天竺鼠出生第二天就能開始吃顆粒飼料和蔬菜等食物。不過，因為年紀還太小，沒辦法吃硬的食物。

來自母親的母乳，是這個時期最重要的營養來源。母乳可以

出生10天左右的天竺鼠寶寶

提高免疫力，提供天竺鼠寶寶大量的必要營養。因此直到出生3週為止，都需要餵牠們喝母乳。讓天竺鼠飲用母乳，才能夠健康長大。

斷奶前的食物

出生10天後的天竺鼠，主要食物來源是母乳和飼料。這段期間餵天竺鼠寶寶喝母乳的同時，可搭配泡軟的顆粒飼料、蔬菜、水果等食物，也要注意加入蔬菜前需要花時間切小塊一點。一開始先讓牠們習慣軟飼料，等逐漸斷奶後再慢慢餵食硬飼料。

當天竺鼠出生將近3週左右，體重大概是180公克。有些天竺鼠到了這個時間仍無法攝取硬的顆粒飼料或牧草。對於這類天竺鼠，可以試著餵牠們比較軟的軟顆粒飼料，或是二割、三割的牧草（提摩西）。如果天竺鼠不願意吃，也不需要勉強牠們吃進去。

對策

如何照料懷孕期和哺乳期的天竺鼠？

懷孕期和哺乳期母鼠需要攝取大量的營養，請準備營養豐富的飼料。鈣質和維他命很容易流失，可餵食營養價值高的顆粒飼料或保健食品加以補充，也可以大量提供苜蓿草這種營養價值高的牧草，或是蔬菜類食物。哺乳中的母鼠體內特別容易流失大量水分，需要隨時補充水分，絕對不能讓牠們處於沒有水的狀態。

為了保護孩子，懷孕或生產後的母鼠對周遭的警戒心非常強。所以，即使需要照料牠們，但飼主能做的，就是在這段期間儘量減輕母鼠的身體負擔與壓力，處理飲食及環境問題，讓牠們過上舒適的生活而已。讓我們儘可能在一旁守護牠們吧。

飼主絕對不能觸碰剛出生的天竺鼠寶寶。天竺鼠是對氣味非常敏感的動物，寶寶如果被觸碰了，身上就會沾染人類的味道，這可能導致母鼠認不得自己的小孩，因而放棄養育或啃咬寶寶。所以請讓天竺鼠母子靜靜待著吧。

重點 26

飼育重點

從幼年期進入成年期

事先了解幼年到成熟（成年）時期（出生3週～2個月）的相關知識。

出生3週後迎來斷奶期

天竺鼠通常會在出生3週後斷奶。3週過後是牠們消化功能接近完整的時期，這也是完全斷奶的最佳時期。反過來說，請飼主儘量避免太早讓天竺鼠寶寶完全斷奶。

這段期間也是天竺鼠的成長時期，需要積極餵食飼料，除了餵牠們吃顆粒飼料之外，還可以餵蔬菜或牧草等各種飼料。這個時期如果只餵食特定的食物，天竺鼠會因此對食物產生好惡，造成長大後出現偏食的情形，變得不願意吃其他食物。

不過，也有一些成長期的天竺鼠反而不太願意吃東西。對於這樣的小天竺鼠，不需要勉強牠們進食，但還是要多方嘗試餵食不同類型的飼料。

出生2個月的小天竺鼠

出生1個月後，不論親子或兄弟姐妹，建議依不同性別分開飼養

天竺鼠的繁殖力很旺盛，即使彼此間是親子或兄妹關係，只要將公鼠和母鼠放在同一個籠子裡生活，牠們就會迅速繁殖。而沒有計畫地繁殖，會對母鼠造成很大的身體負擔。當天竺鼠出生1個月左右後，便能個別放在不同的籠子裡，這時請分開飼養。

出生2個月後，就是了不起的大人

天竺鼠的兒童時期依性別略有差異，公鼠是出生後2個月左右，母鼠則是出生後1個半月左右，過了這段時期後牠們就是了不起的大人了。公鼠會在這時達到性成熟，母鼠的身體也能夠生孩子。如果不想讓牠們繁殖，絕對不能把公鼠和母鼠放在同一個籠子裡。

Check!

如果飼主打算送養

天竺鼠一次會產下1～4隻天竺鼠寶寶。飼主不僅需要提供寶寶出生之後的飼養空間，也會需要花上更多的時間、勞力和金錢。因此有些飼主會想要送養天竺鼠寶寶。

不過，拆散母子有幾項風險，飼主必須事先了解才行。

第一點，天竺鼠寶寶會沒辦法喝到母奶。正如前面所述，母乳對天竺鼠寶寶而言是非常重要的營養來源，不僅可以提高免疫力，也是為了後續健康成長的必要條件。因此，建議飼主等待寶寶過了斷奶期後，再安排送養的事宜。

第二點，送出去之前，請務必先尋找到願意飼養的領養人。即便對方是熟人，也不能送給不了解養育天竺鼠有多辛苦的對象（例如飼養空間、勞力、金錢等層面），避免日後雙方心生懊悔。

重點 27

飼育重點

4歲開始邁入老年期，密切留意才能活得長長久久

了解成年期（2個月～3歲）和老年期（4歲後）的相關知識。

定期檢查是關鍵

天竺鼠在這個時期特別容易罹患皮膚相關的疾病，可能出現皮屑、脫毛、搔癢的問題，嚴重的話還會化膿，進而引發炎症。不僅如此，還可能伴隨罹患其他疾病的風險。

當天竺鼠脫離兒童時期後，就要開始讓專業的獸醫師看診，以便確認天竺鼠是否依然維持在健康的狀態。建議成年期每年固定前去健檢一次，老年期則是每半年一次。

肥胖問題的因應對策

肥胖很容易引起疾病，也是提高健康風險的主要原因。

天竺鼠喜歡大量進食豆科的苜蓿草、蘋果等水果與穀物，以及紅蘿蔔之類的蔬菜；可是一旦吃得太多，就會引起肥胖問題。如果飼主開始擔心天竺鼠是不是變得太胖了，就要想辦法控制牠們的飲食，並讓牠們多多運動。

運動方面，可以放出籠子讓牠們在房間裡散步，或是在家中的庭院散步。不過，天竺鼠出籠散步時，可能會因環境而受傷，甚至被其他動物襲擊，因此還是建議在家中使用圍欄，讓牠們在固定的範圍散步或玩耍會比較好。

老年期的注意事項

天竺鼠大約在4歲邁入老年期，也會開始伴隨老化現象。當老化加劇後，天竺鼠的身體狀況會遠遠不如年輕時期，變得愈來愈不耐寒冬和酷暑。一旦免疫力下降，便很容易感染而生病，所以需要比以往更加注意環境溫溼度的控管。

不僅如此，有些天竺鼠的運動能力也會跟著下降，行動力變遲緩，視力弱化，甚至聽力也會跟著變差。

老年期天竺鼠的咬合力也會變弱，像是牧草的莖比較硬，經常被牠們留下來。因此請大量餵食柔軟的葉子，或是牠們吃得下去的牧草。如果可以，食物最好以高纖維且低蛋白的提摩西牧草為主。另外也別忘了為牠們補充更多的維他命C。（詳情請參照重點48）

出生後4歲左右進入老年期的天竺鼠

對策

成年期與老年期的疾病

對天竺鼠來說，成年期是一生中最活躍的時期，但卻也有罹患各種不同疾病的風險；而進入老年期後，罹患疾病的風險會更高。比方說，毛髮中的蟎蟲或蝨子會引發皮膚炎；耳朵受傷容易引起中耳炎；偏食或前齒受到衝擊時，會引發牙齒咬合不正等牙齒相關疾病，而牙齒疾病又容易引發胃腸阻塞；餵食鈣質過多的食物則會引起尿路結石；缺發維他命C易引起相關缺乏症；夏天可能中暑；超過適產年齡的母鼠初次生產時，易引發生殖器疾病。（詳情請參照重點44）

為了照顧珍愛的天竺鼠，飼主每天都應該觀察牠們的變化，不能疏於落實健康管理。

無毛天竺鼠的魅力點（其之2）

飼育員宮西小姐的見解

宮西小姐也分享向客人販售天竺鼠的注意事項。首先需要事先說明飼養方法的相關知識，等到客人充分接受後才能賣給對方。

不過，「如果飼主無法準備冷暖器設備，不能為天竺鼠準備好足夠的設備，我就不會賣給對方。」還有當她判斷「這個客人沒有對待動物的意識時，也不會將天竺鼠轉讓給對方」。宮西小姐以天竺鼠是否能過得幸福為標準，來決定是否販售給客人。

宮西小姐也解釋，在日本經常看到販售低品質（毛髮較多）天竺鼠的寵物商店，於是才會從美國直接進口理想型的無毛天竺鼠，希望在日本推廣真正品質良好的無毛天竺鼠。她也介紹另一種日本人不太熟悉的品種，就是同樣沒有毛髮的「鮑德溫天竺鼠」（Baldwin Guinea Pig），希望讓更多人知道這個品種。宮西小姐懷著這些想法展開活動。

順帶一提，無毛天竺鼠的特徵是只有鼻尖、四肢會長出少量毛髮，且一出生就沒有毛髮覆蓋。在美國，毛髮比較多，或是整個臉部和背部都長著稀疏毛髮的個體被稱為「Werewolf」，牠們不是理想型的無毛天竺鼠。

順帶一提，宮西小姐同時也是日本第一位飼養鮑德溫天竺鼠的飼育員。

鮑德溫天竺鼠出生數日便會脫毛，出生1個月～3個月內，除了鬍鬚之外，其他地方都會掉毛。成年的無毛天竺鼠（Skinny Pig）體型豐滿，但相較之下，鮑德溫天竺鼠成年時看起來比較鬆弛。鮑德溫天竺鼠的特徵是新陳代謝比無毛天竺鼠好，趾甲的生長速度很快，吃很多也很難變胖，所以建議飼主大量餵食飼料。

未來的夢想與目標

宮西小姐未來在工作上的夢想與目標有：

- 讓喜歡天竺鼠的人了解天竺鼠的飼育方法。
- 提升日本無毛天竺鼠的品質。
- 增加飼養天竺鼠的人數，增加替天竺鼠看病的獸醫師。

無毛天竺鼠的日本飼育員代表宮西万里

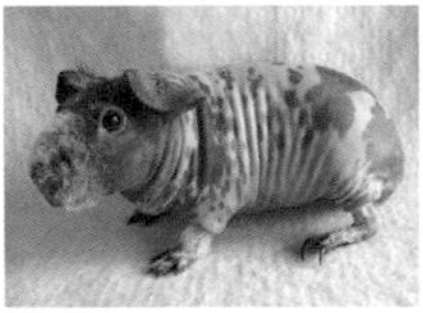
無毛天竺鼠

出生5天的鮑德溫天竺鼠

出生1個月的鮑德溫天竺鼠

第3章

重新審視飼養方式

~居住環境和飼養的重點確認~

重點 28

居住環境與飼養方式

想加深感情，就要小心不讓天竺鼠產生恐懼感

讀懂天竺鼠的心情，記得絕對不能強迫牠們交流。

不強迫馴服天竺鼠

有些天竺鼠在開始飼養後1週左右，便能適應新環境和飼主；但也有花更多時間仍然無法適應新環境，且窩在睡窩裡不見人的天竺鼠。這時如果飼主突然撫摸或硬要抱牠們，會讓牠們產生恐懼感，請多加注意。

身為飼主是很難強迫牠們馴服的，所以只要準備飼料和水，不要打掃籠子整個環境，清掃排泄物就好，靜靜地守護牠們。

堅持等待，直到願意親近為止

如果未來想要和天竺鼠長期愉快相處，請不要在天竺鼠的周圍發出巨大聲響。牠們對聲音很敏感，會因此加強警戒心，也就更難親近飼主了。為了讓天竺鼠

躲在睡窩裡的天竺鼠

放心生活，只要悉心照料，不久後牠們便會開始親近飼主，與你建立起良好的信任關係。

理解天竺鼠的個性，一起加深感情

稍微習慣幾天之後，請飼主隔著籠子露臉，讓天竺鼠記住自己吧。還有，餵飼料時請溫柔地呼喚牠們的名字。

等天竺鼠親近飼主了，即使牠們待在睡窩裡，聽到名字被呼喚時還是會靠過來。除此之外，飼主也需要花點心力理解牠們的叫聲和肢體語言所傳達的意思，進一步加深彼此的感情。（請參照重點37、38）

抱起天竺鼠，檢查健康更全面

等天竺鼠習慣環境與飼主後，請試著將牠們抱起來，也讓天竺鼠習慣被抱。

這麼做不僅可以加深彼此的交流，還能同時檢查天竺鼠身上是否有脫毛的地方，以便確認健康狀態。

Check!

讓適應的天竺鼠出籠散步時的注意事項

天竺鼠習慣人與環境之後，請讓牠們離開籠子，在房間裡散散步吧。

放出籠子時，如果硬是將牠們抓出來，或是放出來後追著跑，會給牠們帶來恐怖的記憶，請留意避免做出這類行為。

天竺鼠在房間散步時，有一些需要注意的事。

首先，確認一下有沒有哪裡放了人吃的食物，並將食物全部收起來。畢竟對人類無害的食物，有可能對天竺鼠是有害的。此外，天竺鼠有啃咬任何東西的習性，因此請確認地上是否有電線、殺蟲劑或煙蒂，確認有沒有啃咬或誤食後會引發危險的物品。還有，木板地板可能會造成天竺鼠滑倒或受傷，飼主也要事先確認地板會不會太滑。

一開始散步時，飼主可以考慮製作隔板，或是使用市售的圍欄，讓牠們只在隔板的範圍中散步。

不過，隔板縫隙太大可能會讓牠們跑出去，注意別讓牠們逃走了。（請參照重點39）

重點
29

居住環境與飼養方式

學習抱起天竺鼠的方法，加深彼此的感情

為了維持飼主與天竺鼠的良好關係，我們需要以不會帶來壓力的方式來抱天竺鼠。

記住順利將天竺鼠抱起來的方法

在養育天竺鼠方面，無論是放天竺鼠在籠子外散步，還是帶去醫院檢查時，要如何將天竺鼠順利抱起來，對雙方而言都是很重要的事。

等天竺鼠熟悉了飼主，且被觸碰也不會感到害怕之後，建議飼主將如何順利抱起天竺鼠的方法記下來，對日後的飼養會帶來很大的幫助。

面對天竺鼠並與牠們對視

即便是與飼主很親近的天竺鼠，如果突然被觸碰或抱起，還是會讓牠們感到很驚恐。其中也是有一些天竺鼠本身就不喜歡被觸碰。

首先，請飼主面對天竺鼠並

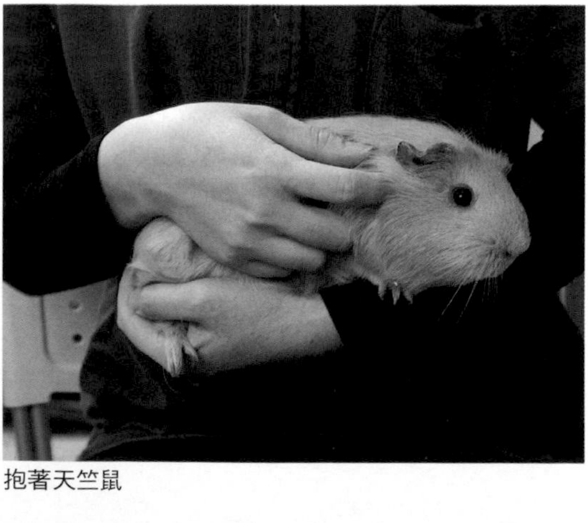

抱著天竺鼠

與牠們對視，溫柔地出聲呼喚名字，讓牠們意識到我們的存在後，再將天竺鼠抱起來。抱天竺鼠的訣竅在於要溫柔地以雙手捧起來。

此外，飼主可以在這時給牠們吃一點喜歡的食物，然後單手伸進籠子裡，牠們就會爬到手上來了。

保持穩定的姿勢抱起天竺鼠

飼主將天竺鼠抱起來之後，單手放在牠的身體下方，撐住胸部到前腳的根部，另一手則撐著臀部，接著將天竺鼠貼近自己的身體。

若是以不穩定的姿勢抱著天竺鼠，牠們可能會因為掙扎而摔落下來，如此一來容易導致牙齒斷裂或骨折，因此請飼主確實穩住天竺鼠之後，再將牠們抱起來吧。另外，也不要將天竺鼠抱到太高的地方。

抱小天竺鼠時的注意事項

抱著小天竺鼠的時候，因為牠們的手也很小，建議先讓牠們站在毛巾上再抱起來會比較好。使用毛巾將小天竺鼠抱起來，可以讓牠們更放心平靜，還能避免牠們掉下來。

另外，小朋友在抱天竺鼠時，有可能會被咬。因此這時大人一定要在場才行。

對策

如果天竺鼠害怕離開籠子

如果天竺鼠害怕走出籠子，請從離開籠子開始練習吧。

天竺鼠在自然界中本來就屬於被捕食的動物，請理解牠們警戒心會比較強，也很容易感到害怕。

要注意的是，如果這時入口一直保持敞開且可以自由進出的狀態，天竺鼠可能會提高警覺並窩在睡窩裡，飼主會因此而沒辦法碰到牠們。

當飼主坐在籠子前面試著抱起天竺鼠時，需要等待天竺鼠主動走出來。如果是站在籠子前面抱起來，則應該雙手放在入口處，等待天竺鼠主動爬到手上。

利用零食或玩具吸引注意，引誘天竺鼠主動湊近也是一個好方法。

重點 30

居住環境與飼養方式

每週大掃除一次

預防天竺鼠生病，需要定期執行大掃除，維持生活環境的整潔。

每日例行的清掃工作

以天竺鼠的體型來說，牠們食量很大，排泄量也很多。牠們也比較喜歡乾淨的地方，所以太髒的籠子會導致壓力的累積，進而影響身體健康。

因此請飼主每天打掃籠子內部1～2次。事前決定好打掃的時間，並挑選天竺鼠醒著的時候執行每日的打掃工作。

清掃方式

針對飼料盒、飲水器或底材等較髒的地方，進行重點式打掃。每次打掃都要確實清洗飼料盒，留意不能殘留清潔劑。如果飲水器是飲水瓶的類型，瓶子裡面也要確實洗乾淨。如果底材是鋪木屑或牧草，每天都要除去髒掉的部分，換上新的底材。底材一旦忘記更換，就有可能導致牧草腐敗，這不僅是衛生的問題，還有可能引發疾病，請務必充分留意。另外，木屑或牧草底材每週都要全部換新一次。

一開始先使用小掃把，將睡窩和階梯上的糞便掃下來，最後再將籠子最下層的托盤清乾淨。

清掉排泄物和垃圾後，有些地方還是會黏著令人在意的髒汙，這時請用擰乾的毛巾或無酒精溼紙巾輕輕擦拭。由於天竺鼠會經常在角落排泄，因此每天都要打掃角落。請飼主務必謹記，保持環境衛生也是為了預防生病喔。

每週1次的大掃除

每週清洗整個籠子1次，洗完後用乾抹布將水擦乾。

另外，如果是以踏板作為底材，也要趁這時一起清洗乾淨。一般來說用水清洗就可以了，但如果清掉髒汙後，上面還有殘留令人介意的味道，可以使用以水稀釋後的醋擦拭，擦好之後也別忘了再用水充分沖洗。

如果每天都有打掃，籠子和踏板應該不會太髒亂。請根據髒亂情況來增加或減少打掃次數。

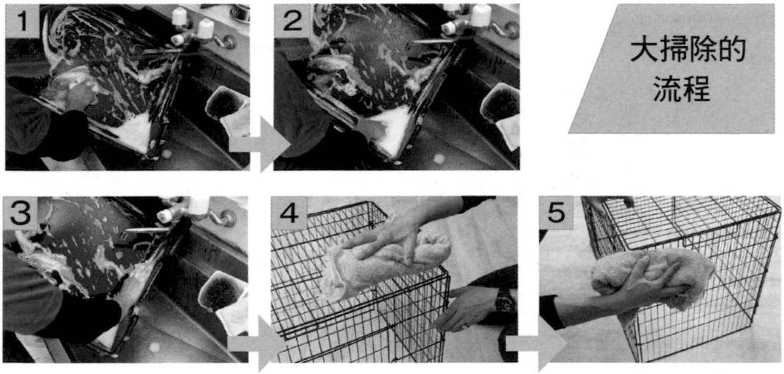

Check!

打掃時，需要注意或檢查哪些事？

我們往往會認為每天大掃除，應該就能清除令人介意的臭味。但其實動物並不喜歡自己的氣味完全消失，正是因為有自己的氣味，牠們才不會感受到壓力，可以舒適過生活。相反地，如果味道完全消失了，這件事本身就會造成牠們的壓力，進而影響到身體健康。所以飼主要多加注意，可不能過度清潔。

打掃的目的，不僅是為了維持環境的衛生，也是了解天竺鼠身體狀況的重要時機。飼主透過每日的糞便檢查、水量的減少狀況，以及是否有吃剩的飼料等等，從這些細節留意是否有改變之處。如果天竺鼠看起來和平常不一樣，請帶去動物醫院檢查。此外，就醫時，吃剩的食物或糞便也不要丟掉，請一起帶去醫院。

重點 31

居住環境與飼養方式

天竺鼠的住籠禁止放在頻繁出入的場所或電視附近

為天竺鼠打造出快樂生活的環境，請用心考慮籠子的擺放位置。

禁止地點1：不要放在窗邊

安排籠子擺放地點時，請放在天竺鼠可以安心生活的地方。

若是將籠子放在窗邊，會受到陽光直射，造成內部悶熱，風也很容易從窗外吹進來。外面的天氣變化也很容易讓籠子內部產生劇烈的溫差，因此請儘量不要將籠子放在窗邊。

禁止地點2：頻繁出入或電視機附近

人們會頻繁出入的地點包含玄關、房間入口、廚房等，而電視機等電器則會發出噪音，因此請不要將籠子放在這些地方。

禁止地點3：直接吹到空調送風

請避免放在直接被空調送風吹到的位置，這麼做會造成天竺鼠難以調節體溫。

禁止地點4：房間的角落

就房間的布局而言，或許將籠子放在角落，比較能讓天竺鼠平靜下來吧？

可是，房間角落的採光和通

風並不好，也很容易累積溼氣。再加上房間角落的空氣循環也不好，容易積灰塵。

如果放置籠子的房間通風不良，建議搭配使用循環扇，加強屋內的空氣循環。

禁止地點5：有其他動物的場所

請不要將籠子放在有狗、貓、雪貂等動物出沒的地方。

禁止地點6：直接放在地板上

地板的溫度差異其實比想像中大，而且我們走路時還會掀起灰塵、發出震動的聲響。所以建議飼主選擇附輪子的籠子，也可以放上台階，將籠子放在距離地板約20～30公分高的位置。

不適合放籠子的地點

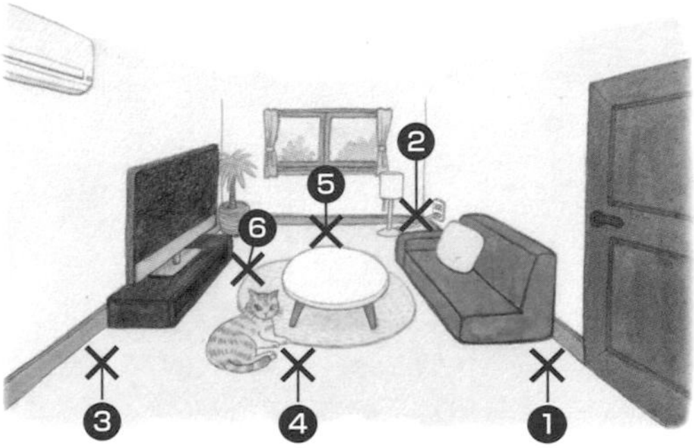

①房間出入口等，人會頻繁出入的地方

②籠子會碰到插座或壓到電線

③直接被空調送風吹到的地方

④房間裡還有其他動物

⑤陽光直射的地方

⑥有電視機或音樂播放器等吵雜的地方

Check!

其他不適合擺放籠子的地點

雖然天竺鼠的籠子需要放在比較安靜的地點，但是像房間、儲藏室、倉庫這類平常少走動的地方也不適合。

如果將已經習慣飼主的天竺鼠，放在感受不到飼主就在附近的地方，牠們會因為得不到關心而感到非常寂寞，長時間被放著不管也很容易形成壓力。特別是單隻飼養的情況，前述問題會變得更嚴重。雖然小孩子的房間很安靜，他們也會經常關心天竺鼠，但小孩的房間也不是一個適合的地點；畢竟過度關心天竺鼠，也會讓牠們很難放鬆待著。不論如何，選擇安心又安全、可適時關懷，同時靠近飼主的地方，就是天竺鼠舒適的生活地點了（但也別忘了適當的溫溼度管理）。

重點 32

看家對策

飼主外出無法照料時，天竺鼠留守在家的應對方法

即便是獨自居住的飼主，也能掌握因某些事情導致無法照顧天竺鼠時的對應方法。

留天竺鼠在家以1晚為限 最長不超過2晚

如果不得已得將天竺鼠留在家裡，需要先確認天竺鼠是保持健康的狀態。基本上以一個晚上為限，最久不超過兩晚。當然，飼主外出不在家的期間，還是要保持溫溼度的控管才行。若發生停電或是空調故障等狀況則不在此限。

飼主外出期間，天竺鼠在照料方面的問題有水、飼料，以及無法清掃掉落在籠子裡面的排泄物等衛生問題。此外，有些天竺鼠為了向飼主表示需求（比如想到籠子外面玩，希望飼主放牠們離開籠子），平時就有啃咬籠子的習慣，牠們會在飼主外出期間持續咬東西，有可能因此引起咬合不正的問題。

外出的事前準備

不得已留天竺鼠看家時，應準備比預定天數分量更多的主食（提摩西牧草或顆粒飼料），並掛上多個飲水器。為了幫牠們補充容易攝取不足的維他命C，可事先將維他命C溶入水中。不過含有維他命的水喝起來酸酸的，有些天竺鼠會不願意喝，事先確認這一點也很重要。

請寵物保姆來家裡

出門在外的期間，還有一種照顧天竺鼠的方式，就是請寵物保母來家裡幫忙。

請先確實告知照顧方法和天竺鼠的個性等必要資訊，且外出期間也要與保母保持聯繫溝通。

先在籠子裡放入大量的提摩西牧草

拜託家人或朋友

外出時，也可以請家人或朋友到家裡來幫忙，或是寄放在他們家中。

事先將溫溼度的管理方式、餵食分量等應該注意的事項寫成清單，交給對方以便照顧。

不過，寄放在家人或朋友家時，請事先確認對方家裡是否有其他動物。如果有飼養其他動物，也別忘了提醒要避免天竺鼠和這些動物待在同一個房間裡，儘量將籠子放在遠處。

Check! 寄放寵物旅館的注意事項

旅行或出差時間決定後，請儘快想好外出不在家時該如何安置天竺鼠。雖然飼主也可以選擇將天竺鼠寄放在寵物旅館，但通常會有年齡限制，請事前仔細確認。確定可以寄放之後，詢問想預約的日期是否有空房；實際送去寄放時，也要準備多於預定天數的食物分量。寄放期間若有需要注意的事情，請務必告知負責人。

不過，因為天竺鼠的警戒心強且個性十分膽小，很難熟悉不同的環境，而且其他動物的叫聲也會讓牠們產生壓力，因此請儘量尋找備有小動物專用房的寵物旅館。

若擔心天竺鼠的身體狀況，建議飼主可考慮託給動物醫院照顧。

重點 33

四季的宜居環境

春天溫差大，再小心也不為過

多加留意季節轉換時期的日夜冷暖溫差喔。

春天劇烈的冷暖溫差需要多加留意

雖然春天的正午和煦溫暖，但清晨和傍晚卻還處於寒冷的氣溫，這個季節正是中午和早晚溫差劇烈的時期。我們很容易因為體感溫度變溫暖，而疏忽了溫度管理，必須根據溫差變化加以保溫或打開暖氣。尤其對剛出生的天竺鼠寶寶、幼齡、高齡、生病中的天竺鼠來說，一定要預防突如其來的寒氣。

野草的季節

春季到夏季是野草生長的最佳季節。

飼主可在這個時期出門摘野草，餵給天竺鼠吃。天竺鼠很容易因為季節變化而產生壓力，而季節性食物可以加強牠們的身體耐力。

另外，在摘取野草的時候，也請留意上面是否沾到貓狗的排泄物、農藥或除草劑。（請參照重點16）

促進換毛的時期

春天是由冬毛換成夏毛的換毛期，請經常替天竺鼠梳毛以促進換毛。儘量仔細清掃脫落的毛，避免房間中到處飄散著毛髮。如果沾到毛髮的飼料被天竺鼠吃進肚了，有可能會導致毛球症。而且飼主或家人吸入天竺鼠脫落的毛，也容易對呼吸系統帶來不好的影響。

適逢多天連假，返鄉與旅行的對策

日本在春天時會迎來黃金週連假，想必會有很多人為了返鄉或旅行而不在家。

但是，黃金週也是很難預料冷暖溫差的時期。正中午如盛夏般炎熱，相反地，早上或晚上卻有可能還處於寒冷的低溫，出門時一個不留意，沒有做好抗暑的準備，有可能會發生天竺鼠中暑死亡的悲劇。

為了避免這種狀況發生，如果會擔心外出期間的管理問題，飼主可以將天竺鼠寄放在寵物旅館或動物醫院，或是請寵物保母、朋友或熟人幫忙照顧，請思考該怎麼處理，並且做好事前準備。（請參照重點32）

※編註：台灣的春節一般落在冬春之交，天氣變化同樣不穩定，請飼主同樣留意返鄉與旅行的因應對策。

在住宅區路邊或公園角落發現的車前草

Check!

春天也是飼主生活容易變化的時期

在日本，春天也是飼主的生活環境經常發生變動的時期，例如入學、畢業、求職、轉職、轉調工作、人事異動、職稱改變、搬家等。飼主為自己的事而努力奮鬥時，很容易疏於照顧天竺鼠。

舉例來說，飼主會因疏忽而沒有發現吃剩的食物、鋪成底材的牧草已經腐敗而繼續放著不管，產生的黴菌或細菌可能引發皮膚病或感染症，也有可能太晚發現嚴重的疾病。無論任何時候，身為飼主都不能忘記自己應該對天竺鼠的生命負責，請確確實實地照顧牠們。

重點 34

四季的宜居環境

夏天請注意衛生環境和溫溼度管理

夏季時期請留意環境衛生，預防天竺鼠中暑。另外，也要避免籠子裡沒有水。

注意環境溼度

天竺鼠並不喜歡梅雨季到夏季這段高溫潮溼的時期，對牠們來說這段期間更是一年中特別嚴酷的時候。

這段期間飼主除了注意溫度以外，也要充分留意溼度。溼度請維持在40％～60％。

環境溼度一旦提高，籠子內部的衛生狀態就會變糟，罹患有害健康的疾病風險也會提高許多。因此打掃要做得比平常更仔細，溼度最高不能超過70％，並且確實使用除溼機降低空氣中的溼氣。一般認為，溼度一旦超過70％，罹患皮膚病的風險就有可能提高。

注意中暑

夏季時期，也要加強控管室內溫度，最高不能超過30度。

天竺鼠所能承受的溫度極限最低為10度，最高為30度。無論超過或低於這個極限，便會陷入危險之中，甚至危及性命。

如果費盡心思選擇籠子的擺放地點，或是改善通風環境等利用自然冷卻的方式，依然無法將室溫控制在舒適的溫度範圍內（一般為18～26度，無毛天竺鼠為20～26度），那麼請在放有籠子的房間中打開空調，降低整體室溫，並且放上涼墊作為消暑對策。不過，飼主也要留意不能讓天竺鼠的身體反而感覺太冷，需留意空調送出來的風不能直接吹向天竺鼠。為了使房間內產生微風程度的流通空氣，建議可以搭配電扇的擺頭功能，促進室內空氣循環。

涼感天然石

補充水分和飼料是適度管理的重要項目

天竺鼠主要是透過喝水排尿來散熱。牠們無法像人類一樣出汗，經由皮膚散熱；也沒辦法像狗一樣從舌頭進行散熱。

因此，這個時期需要特別注意籠內的水補給，不能讓天竺鼠沒有新鮮的水可喝。

除此之外，顆粒飼料和蔬菜等飼料也很容易長霉菌或因碰撞損傷，請確實放在陰暗處或冰箱中保管。

對策

其他的夏季因應對策

這個季節也要小心天竺鼠被其他動物盯上。舉例來說，假設飼主住在周圍都是大自然的古老民宅裡，被飼養在這種環境下的天竺鼠就很有可能被蛇盯上。蛇會從籠子的縫隙入侵內部，因此飼主需要特別注意籠子的放置地點。

不僅如此，我們還要防範昆蟲才行。蚊子或虻除了會吸血之外，還可能攜帶傳染病源，造成天竺鼠感染疾病；蒼蠅會受到排泄物的氣味吸引而聚集，並且在上面產卵；蟑螂也會侵入籠內，容易引發衛生方面的問題。就這層面而言，我們需要多多留心，確保天竺鼠的生活環境舒適度，並仔細打掃，以利衛生管理。

重點 35

四季的宜居環境

秋天來臨，為冬天做好保暖對策

秋天是為寒冬做好準備的時期，對天竺鼠來說也是食慾旺盛的秋季。注意不能讓牠們吃太多喔。

秋天重點在於肥胖管理

天竺鼠到了秋季，就會為冬天做足準備。為了儲存體內脂肪，牠們的食慾會變得很旺盛。

在野生的大自然環境中，天竺鼠可食用的牧草一到冬天便會減少；但是飼育環境下的天竺鼠卻是可以穩定攝取食物。因此，能夠攝取到過多營養的寵物天竺鼠，在這時期容易變得很胖。

請飼主不要在這個季節提供超出必要量的飼料，同時儘量減少零食量，並確實控制體重。

因應冬天的保暖對策

秋天是早晚溫差變化相當大的時期。尤其是季節交替的時候，很容易破壞身體健康，特別需要多加注意寒冷的清晨和正中午的高溫。

當房間的室內溫度低於20度以下時，飼主就能開始執行冬天的防寒對策。

首先要確實做好室內的溫溼度管理，可使用空調或小動物專用的暖氣片，或是可放在籠子外側局部加熱的電暖器，做好保暖的工作。

此外，寵物電暖器最好選擇可以避免天竺鼠啃咬的產品。

重點 36

四季的宜居環境

冬天預防乾燥和過暖

在冬天打造溫暖的環境是我們一定會做的事，但是也要注意避免乾燥和過暖的問題喔。

盡可能地打造溫暖環境

在冬天的防寒對策方面，請避開窗戶附近或縫隙裡透進來的風，儘量將籠子放在溫暖且沒什麼溫差的地方。

除此之外，有效的防寒對策還包括許多方法。比如多放一些牧草作為底材，在整個籠子外蓋上毯子或毛巾，或是籠子外側用紙箱或泡綿材質圍起來。如果籠子本來是直接放在地上，則要移到稍微高一點的地方。

也別忘了溫度的控管，室內溫度最低不能低於15度。

設置遠離暖氣的區域也是環境打造的重點

籠子內部若是太溫暖，可能會造成天竺鼠低溫燙傷，一定要多加注意。

如果飼主使用的是墊在籠子底部的電熱毯，便不能加熱整張電熱毯，建議只針對半面或局部加熱，讓天竺鼠能夠自己選擇舒適的地點。

此外，若果考慮將籠子放在客廳一起生活時，請記住人體的適溫和天竺鼠感到舒適的溫度是不一樣的，因此要注意暖氣不能開太強。

Column 3

懷著對小動物的感情和飼育家之夢，展開經營事業（其之1）

川元健一先生目前在神奈川縣相模原市經營一家名為「けんぼの森」的寵物店，從事小動物的自家繁殖與販售。本書將請他談談開始經營寵物店的原因，以及有關自家繁殖和日本販賣法的現況。

開寵物店的契機源自小學的夢想

川元先生出生於熊本縣，後來因為父親工作調動而搬到相模原市。

他從小的夢想是成為棒球選手，或者開寵物店。

小學6年級時，他在畢業文集中寫道未來的夢想是開一家寵物店。他從小就很喜歡小動物，養過各式各樣的小動物。直到6年前，他才開始實際為寵物店做準備，同時也在貨運公司任職。起初川元先生不曉得該如何開始，經過多方調查後得知，若要在自家繁殖或經營寵物店，必須在日本取得動物處理業的執照（也就是動物處理負責人）。為此必須完成動物專門學校的學業，或是具備動物相關行業半年以上的工作經歷；再不然，就是必須通過任一種動物相關資格考試，例如玩賞動物飼養管理師、家庭動物販賣師、動物看護師等。符合前述條件後，再向所在地的都道府縣，或是政令指定都市的衛生所登記申請。得到許可後，便能取得繁殖與販售的執照。最終，川元先生選擇了通過動物相關資格考試的方式取得資格。

秉持身為動物業者的職業道德

雖然川元先生從小開始就有這個夢想，但他卻選擇其他的出路。讓他強烈產生經營寵物店想法的契機，是出自於對某家大型寵物販售業者的質疑。川元先生自承自己對他們的商業手法懷有疑慮。

像這類的寵物販賣業者，通常會從繁殖場引進小動物以進行販售。可是店面販賣的動物實在太年幼了，本書在62頁也有提及，最少也必須花時間等到幼年天竺鼠斷奶，直到可以自己吃飼料為止。而且，在斷奶之前攝取充足的母乳是很重要的事。川元當時觀察店家販售的往往都是尚未斷奶的幼體，這麼做很有可能讓牠們以後無法好好長大，也因此開始對動物處理業者的職業道德產生危機感。再來還有價格的問題。價格理所當然會隨著流通保證金和人事費等支出成本而提高；可是一經比較，他依然認為寵物店的利潤實在太高，這樣對飼育員並不公平。

基於以上主要兩點疑問，促使川元先生決定獨立經營寵物店，他希望實踐理想中的繁殖與販售模式。

（繼續前往專欄4）

第4章

與天竺鼠心意相通

～增加彼此歡樂時光的小撇步～

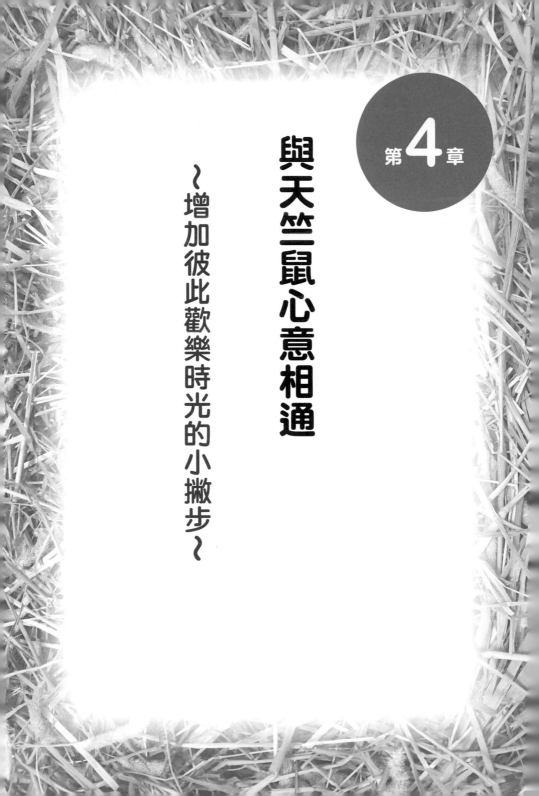

重點 37

愉快共處的重點

透過叫聲讀懂天竺鼠的心聲

天竺鼠會藉由聲音來表達自己的心情。只要能夠區分聲音的差異，就能進一步與天竺鼠交流。

記住叫聲的特徵 解讀天竺鼠的心情

天竺鼠本來就是會集體行動的動物，為了與其他天竺鼠進行溝通，牠們可以發出各式各樣的聲音。只要記住天竺鼠的叫聲特徵，就能理解牠們發出聲音時，究竟正處於什麼樣的狀態中。

想撒嬌或得到關心時

天竺鼠想得到關心時，會發出「咕咿咕咿咕咿」、「啾啾啾」、「噗—咿噗—咿」的聲音。

當天竺鼠發出這樣的聲音時，代表牠們想要撒嬌、感到寂寞，或是希望得到飼主的關心。

請飼主務必重視天竺鼠的這些情緒表現。

感到快樂或心情愉悅時

當牠們感到快樂或心情很愉悅時，天竺鼠會發出「噗咿噗咿」聲，或是從喉嚨發出「呱嚕嚕嚕嚕」聲。

想吃東西或催促餵飼料時

天竺鼠想吃東西時，會發出「噗噗噗、噗噗噗」的聲音，或是發出稍微高亢一點的「啾咿啾咿」聲。

不高興、不滿，或保持警戒時

想表達不高興、感到不滿、保持警戒的情緒時，天竺鼠會發出低沉的「咕嚕咕嚕」、「咕嚕嚕嚕」、「嘟嚕嚕嚕」，或是音調很高的「嘰——嘰——」聲。有時候也會發出像是咬牙切齒的聲音。要注意的是，如果飼主在這時候做出觸摸的動作時，很有可能會被天竺鼠咬。因此請暫時讓牠們獨自待一段時間，直到情緒不再激動為止。

公鼠的求偶聲

當公天竺鼠走出籠子求偶時，會在母鼠的籠子周圍不斷繞圈，並且發出「咕嚕嚕嚕」的彷彿從喉嚨發出的聲音，或是一邊追著母鼠跑，一邊發出這種聲音。此外，如果附近有母鼠，而公鼠在籠子裡會發出「咕嚕嚕嚕」聲時，也多半是在進行求偶。

母鼠的發情期叫聲

母鼠也會發出「咕嚕嚕嚕」聲，只是聲音比較低沉。這就是發情期的徵兆。公鼠達到性成熟後，隨時都會發情，而母鼠的發情期則大約是以15～17天為週期。

不過，當母鼠欲求不滿或感受到壓力時，也會發出這種聲音。

Check!

觀察天竺鼠，理解叫聲代表的含義

天竺鼠的聽覺很敏感，所以牠們一般也被認為是具備語言能力的動物。牠們有很多種叫聲，可根據不同的聲音組合，表現出豐富的情緒樣貌。由於天竺鼠的性格很乖巧，基本上很少發出很大的叫聲。

理解自家的天竺鼠會在什麼樣的情況下，發出什麼樣的叫聲，先仔細觀察並詳細紀錄下來，對未來的飼養過程也會帶來很大的幫助。

重點 38

愉快共處的重點

透過肢體語言和行為讀懂天竺鼠的心情

我們還可以透過肢體語言和行為，讀懂天竺鼠心情。讓我們一起了解其中的含意，加深彼此的交流吧。

充滿活力的跳躍

天竺鼠會運用全身的動作，來表達愉快的心情。當牠們看起來很有活力時，會一邊扭動身體、一邊跳動，這就是情緒很嗨的證明。這個跳躍的動作又被稱為「爆米花跳」。雖然天竺鼠跳得並不高，但牠們還是會蹦蹦跳跳。除此之外，當牠們受到驚嚇時，也會突然蹦跳起來喔。

肢體語言與行動的情緒分類

肢體語言、行為	代表的心情與內心狀態
身體邊扭邊跳	快樂、心情愉悅
被撫摸時伸展身體（瞇眼發出「啾——」聲）	舒適、心情愉悅
輕咬	想撒嬌、想玩耍、想吃飼料
在飼主面前伸展、打哈欠或理毛	很放鬆
邊走邊發出「咕、咕咕」聲	快樂、心情愉悅
一起待在籠子裡時，公鼠會跟著母鼠臀部的氣味跑	公鼠想交配時

天竺鼠發出聲音，討飼料吃的樣子

被撫摸時會伸展身體

被飼主輕輕撫摸時，如果天竺鼠感覺很舒服或心情很好，牠們就會自在地伸展身體。

此時天竺鼠會瞇起眼睛，發出「啾——」的叫聲。然後還會舔一舔飼主的手指。

輕輕地咬

想對飼主撒嬌或玩耍，或是想吃飼料時，天竺鼠會做出輕咬的行為。牠們會利用輕咬行為來表達需求，而這個舉動也是天竺鼠用來表現對飼主的愛的一種方式。可是如果不是輕輕咬，而是認真用力啃咬時，就代表飼主做了讓牠們不喜歡的事，或是受到驚嚇了。這時情緒會變得很不穩定，易陷入激動、攻擊的狀態，請各位新手飼主多加注意。

其他肢體語言

當天竺鼠在飼主面前伸展身體、打哈欠、理毛時，就表示牠們現在很放鬆。而當天竺鼠很開心、心情很愉悅時，牠們會邊走邊發出「咕、咕咕、咕」的聲音。此外，公鼠與母鼠一起待在籠子裡，或是想要交配時，公鼠就會追著母鼠臀部的氣味不停打轉。順帶一提，如果仔細觀察，不難發現天竺鼠有時會睜著眼睛睡覺。這是因為牠們很淺眠，一聽到聲響就會迅速醒來，所以才會裝作一直都醒著的樣子。

對策

當天竺鼠用力咬飼主時

天竺鼠之所以認真且用力地咬飼主，是有理由的。這個行為表示發生了某種令牠們感到不愉快的狀況。

天竺鼠這時大多會很不安，或感到很恐懼、身體狀況不佳、因為懷孕而提高警戒，或是對其他事物感到有壓力。關於「對其他事物感到有壓力」這件事，具體原因比較難釐清，舉凡像是飼料或水不夠、飼料或水不新鮮、籠子內部太髒等等，這些環境問題都會對天竺鼠造成很大的壓力。

如果天竺鼠咬完人之後，立刻做出逃跑或躲藏的行為時，很有可能是因為牠們感到害怕，才會做出咬人的行為。如果飼主被咬了很多次，就應該重新檢視一下飼養環境。

重點 39

愉快共處的重點

與天竺鼠在室內散步

安排天竺鼠散步或玩耍的時間，並注意室內的溫度（戶外則需留意氣溫）與安全性。

室內散步（房間散步）

等天竺鼠熟悉新環境後，就可以放牠們在室內散步（房間散步）或玩耍。散步不僅可作為與飼主交流的時光，還能降低天竺鼠的壓力和運動不足的問題。準備放天竺鼠出籠進行室內散步之前，飼主需要先將房間打掃乾淨，並且移除危險的事物。

而在進行散步時，請飼主一路看著天竺鼠，避免牠們趁我們移開視線時不慎出意外而受傷，或是跑去啃咬物品（請參照重點28的專欄）。

每天儘量在固定時間安排散步時段

只要放天竺鼠出來外面一次，牠們就會開始想要離開籠子。有些個體會因為無法離開籠子而產生龐大的壓力，進而做出啃咬金屬網的行為。為了舒緩壓力並讓天竺鼠放下心，每天請儘量在同一時間安排室內散步。

室內散步的理想時間長短

理想的室內散步大約以30分鐘～1小時為原則，飼主請在不勉強自己的時間內讓牠們出籠散散步即可。散步的時間愈長，天竺鼠的心情就會愈好。

不過，如果籠子的入口是開著的，有些天竺鼠反而會自己跑回去。不同個體想在外面玩耍的時間各有不同，建議將大概需要的散步時間長短記錄下來。養成這樣的習慣，對飼主來說也比較容易規劃室內散步的時間。

冬天室內散步應注意保暖對策

如果冬天已經打開空調並調整溫度，但木板地還是很冰冷的話，很容易導致天竺鼠的體溫下降。為了預防這個狀況，建議可在散步範圍的地板上鋪墊子。不僅可用來當作天竺鼠的止滑墊，而且腳底踩起來也會更舒服。

注意其他寵物

如果飼主還有飼養狗或貓，若是讓天竺鼠和牠們待在同一個房間裡，會對天竺鼠造成壓力。

不只如此，這麼做也有可能發生事故。所以絕對不能讓牠們在同一個房間裡玩耍。

對策

散步時的其他注意事項

為了避免天竺鼠散步時啃壁紙，請將寵物圍欄立起來，或是貼上防貓抓的貼片。

如果天竺鼠不小心將布製品吞下肚，可能會積在腹部，因此請先收起來。牠們也會咬木製傢俱的邊角或木頭柱子，建議貼上防撞護角。

天竺鼠也很喜歡鑽入狹小空間，需要先將不能進入的地方塞起來。牠們不擅長上下活動，如果室內有較高的地方，請不要將天竺鼠放在上面。萬一牠們掉下來了，可能會造成骨折或受傷；也要多注意台階，確保在安全地方活動。在戶外庭院散步時，注意不能讓牠們吃到危險的野草，或是接觸其他動物。

重點

40

愉快共處的重點

讓天竺鼠記住好玩的遊戲，與飼主一同玩耍

飼主可以跟天竺鼠一起玩遊戲。
若想一起玩耍，首先應從建立彼此的信任關係開始。

利用動物的學習機制

雖然每隻個體各有差異，但只要飼主願意進一步指導，就能讓天竺鼠記住幾種遊戲方式。

不過，飼主要先和天竺鼠建立起穩固的信任關係，然後再利用動物的學習機制，以獎勵的方式讓天竺鼠經由制約學會。

所謂的獎勵，就是指一邊餵零食一邊進行訓練的方式，如此一來天竺鼠就會記住「握手」、「繞圈」或「擊掌」的規則。

給予零食時，讓天竺鼠記住名字

被當作寵物來飼養的天竺鼠，其實有辦法分辨與記憶飼主的聲音。

因此當飼主給予零食時，先讓牠們記住自己的名字吧。

可操作的練習方法如下，首先請先準備好零食，接著呼喚天竺鼠的名字，輕敲地板或桌子。

等天竺鼠靠過來之後，再餵牠們零食作為獎勵。

站起來

飼主手握著零食，手靠近嘴巴時說出「站起來」，接著慢慢舉起手，天竺鼠便會站起後腳。

天竺鼠每一次站起後腳，飼主都要餵牠們吃獎勵的零食。多次重複練習後，日後即使還沒餵零食，牠們也會先對「站起來」這句話有所反應，並且開始以後腳站立。

握手

利用籠子的入口和台階，手拿著零食並靠近嘴巴，然後讓牠們單腳放在手上。這時請說出「握手」，並且餵牠們吃零食作為獎勵。同樣這個流程要反覆練習，之後當天竺鼠聽到「握手」這個詞之後，就會將一隻腳放在我們的手掌上。

繞圈

首先請準備好零食，在天竺鼠的附近呼喚牠們。接著將零食舉到鼻尖，讓牠們聞一聞氣味，確認牠們是否想吃零食。一邊讓天竺鼠聞零食的味道，一邊說出「繞圈圈」，並且用手繞圈畫一個圓，然後再餵零食作為獎賞。

剛開始天竺鼠很難順利完成動作，但請耐心地慢慢以手指畫出圓形，藉此誘導牠們做出繞圈的動作。

擊掌

做完繞圈的練習後，手指捏著零食並打開手掌，等天竺鼠的前腳碰到手掌後，餵牠們零食作為獎賞。重複練習幾次後，牠們就能記住這個動作。

對策

絕不能對天竺鼠發脾氣

天竺鼠的警戒心很強，如果訓練遊戲時對牠們大聲斥責，會讓天竺鼠產生恐懼感，反而會造成反效果。

斥責會令天竺鼠不願親近飼主，甚至感到厭惡。即使幾次訓練後發現牠們依然記不住規則，也絕不可以發脾氣喔。

此外，長時間訓練天竺鼠遊戲動作，牠們的注意力會容易分散，也很容易感到非常疲憊，請多加留意時間的控管。而不同個體之間的記憶時間不盡相同，請用心了解每隻天竺鼠的個性，一邊觀察牠們的狀況一邊進行訓練吧。

重點 41

繁殖的注意事項

進行繁殖時，需要留心交配的時期

如果打算讓天竺鼠繁殖，在成長階段中選擇適當的時期很重要。飼主需要具備完整的知識，再讓牠們交配。

一旦決定繁殖，就必須負起全責

動物的繁殖過程就像人類，不僅辛苦，也非常危險。

迎接新生的天竺鼠時，每當新的個體出生後，不論在照顧上還是飼養費用方面，都會遠遠高於原先的負擔。有些個體相當長壽，甚至可能活超過8年。所以在此要呼籲各位飼主，請不要因為天竺鼠很可愛就輕易讓牠們繁殖；一旦下決定要繁殖，也必須持續以愛心與責任心，堅持照顧牠們一生。如果飼主沒有辦法飼養新生的天竺鼠，請一定要替牠們找到合適的領養人。

把握發情期

雖然每隻個體的情況各有不同，但通常公鼠是出生2個月左右，母鼠的時間則更短，出生1個月左右就會達到性成熟。一般來說，母鼠達到性成熟的時間往往比公鼠來得早。不過，公鼠一整年都會發情，而母鼠的發情時間則是週期性。母鼠的發情週期約為15～17天，大約持續1～2天。當母鼠進入發情期時，陰道口會展開呈圓形，並呈現紅色。母鼠在發情期間如果遇到中意的公鼠，就有可能展開交配。

待在同個籠子裡的公鼠與母鼠

公鼠的交配適齡期

飼主若有意繁殖，請讓公鼠在出生12個月之內交配。如果這段時間公鼠都不曾有過交配的經驗，會讓牠日後對於交配的積極度下降，總有一天會變得無法繁殖。因此建議當公鼠出生超過3個月、體重超過550公克後，便要儘早讓公鼠累積經驗。

母鼠的懷孕適齡期

母鼠出生2個月即達到性成熟。可是在年輕時期懷孕，經歷生產的過程會對母鼠身體造成嚴重的負擔，因此不太建議太早讓母鼠交配。

等到母鼠的體重超過500公克，出生3～4個月左右時，這個階段的母鼠身體長得夠強壯了，此時較適合懷孕。

當母鼠出生超過6～7個月後，骨盆的恥骨會開始靠攏，產道難以張開，此時懷孕很可能導致難產。還有一點要注意，出生10個月的母鼠就無法自然產了，有可能因此錯過繁殖時機。

妊娠期為60～80天

在飼養的環境下，天竺鼠一整年都可以繁殖，不過在夏天或冬天繁殖，會增加天竺鼠的負擔，請儘量避開這兩個季節比較好。母鼠的妊娠期為期長短，會根據胎兒的數量而有所不同，不過通常大約需要60～80天。

Check!

一開始就要分辨天竺鼠能否繁殖

母鼠在虛弱時懷孕、生產，會對身體造成負擔，請避免這種情況。飼主也需要注意，比較神經質且個性膽小的母鼠，有可能會放棄養育孩子，因此也不適合繁殖。身體尚未順利長大的年輕個體若是懷孕，可能會影響到母體本身的成長狀況。因此出生不到2個月的個體還太年輕，不建議讓牠們繁殖。高齡、正在生病、身體虛弱、生病後、過瘦或過胖，有上述情形的天竺鼠繁殖的風險都很高，因此需要避開這些個體。飼主也要注意，近親交配有可能生出虛弱或畸形的孩子，所以絕對要避免近親繁殖。

重點 42

繁殖的注意事項

天竺鼠繁殖時，公鼠和母鼠的契合度很重要

想要讓天竺鼠繁殖，確保流程正確是很重要的事。一起學習並遵守繁殖的流程吧。

公鼠和母鼠相親

母鼠好惡分明，繁殖與否的關鍵在於母鼠能否接受公鼠。

首先要安排相親。一開始先將天竺鼠分別放在不同籠子裡，讓籠子靠近一點，觀察反應。

這時牠們會開始意識到彼此的存在，當牠們越過籠子並聞一聞對方的氣味，或是鼻子互相靠在一起，展現對彼此感興趣的舉止後，接下來便可以將牠們放在同一個籠子裡，試著一起生活。

共同生活指南

如果發現公母兩鼠會關注彼此之後，便可以暫時放入同個籠子裡，或是放牠們在籠子外面一起散散步，繼續觀察牠們互動。

如果母鼠抬起臀部，並發出甜美的聲音時，就很有可能是發情期來臨了。

可是住一起後，發現公母鼠快吵架了，請馬上將牠們分開。

如果公鼠與母鼠沒有吵架，而且會一起發出叫聲，互相碰觸鼻尖，那就表示牠們很合得來。

相反地，如果其中一方變得很有攻擊性，表現出興趣缺缺的樣子，代表雙方合不來，請馬上將牠們分到不同的籠子裡，並且考慮與其他個體相親。

替懷孕中的天竺鼠量體重

交配與交配過後

天竺鼠的交配時間很短，很快就結束。當公鼠與母鼠住在一起，如果在籠子內部發現脫落的陰道栓，就代表交配成功了。

陰道栓是什麼東西呢？這是一種長得很像蠟片的塊狀物，實際上是公鼠的精液與分泌物凝固而成、外觀類似栓子的東西。這種栓子可確保母鼠受精，同時也能起到避免母鼠與其他公鼠交配的作用。

通常交配後的數小時至48小時左右，陰道栓就會從母鼠的陰道中脫落了。確認交配結束之後，接著請將公鼠和母鼠分別放入不同的籠子。

懷孕

即使確認交配成功，我們卻很難從外觀判斷交配後的天竺鼠是否真的懷孕了。不過，等天竺鼠寶寶在母鼠腹中稍微長大後，就可以從外側撫摸腹部，確認是否懷孕了。觸摸腹部時，動作要非常輕柔。除此之外，也可以測量體重是否增加作為判斷依據。

如果各位飼主想要更詳細了解天竺鼠懷孕的狀況，請帶去動物醫院看診檢查。醫院可以照X光，檢查天竺鼠是否懷孕，並且確認胎兒的大小和數量。

不過在送往動物醫院看診之前，建議事先確認母鼠腹中有幾隻天竺鼠。

對策

如果天竺鼠懷孕了

一旦確認天竺鼠懷孕後，請多多餵食鈣質和維他命，增加懷孕期間需要的營養。

妊娠期的餵食，主要以苜蓿草作為食用牧草。苜蓿草含有豐富的鈣質，請餵母鼠苜蓿草以幫助補充鈣質。此外，母鼠這時會比往常更需要維他命C，偶爾可將敲碎的維他命C放入飲用水中來補充。此時的餵食量也需要比平時更多，更要讓母鼠吃新鮮的蔬菜喔。即使懷孕了，還是可以讓牠們照常玩耍或運動。積極運動可以預防天竺鼠因代謝問題而引發妊娠中毒。當時間距離母鼠生產愈來愈接近時，需要減少打掃的次數，留給母鼠隨時都能生產的空間。

重點

43

繁殖的注意事項

生產與育兒～生產之前，需與公鼠待在不同的籠子～

生產後的母鼠，會馬上進入發情期，若是與公鼠待在一起有連續生產的風險，請多加留心。

天竺鼠的生產

野生的天竺鼠，大多會在深夜或天亮時分生產，但是寵物天竺鼠的生產時間卻會依個體而大不相同。但大致來說，母鼠懷胎一次大約會產下1～6隻小天竺鼠。生產時，通常寶寶的頭部會先出來，但有時也會出現逆位生產的情形，一般會在24小時之內全數生產完畢。

寶出生後胎盤也會隨之排出

等到所有孩子都出生之後，最後會排出胎盤。剛生產完的母鼠會將胎盤吃掉，藉以補充營養。如果飼主發現母鼠的嘴巴或前腳上沾到血，就是生產後吃掉胎盤的證據。

可是假若發現母鼠沒有排出胎盤，或是發生難產，且生產後

剛出生不久的寶寶與母親

也不吃胎盤，看起來精疲力盡等異常現象時，請立刻將母鼠送往動物醫院就診。

母鼠生產前，務必與公鼠隔離

雌性天竺鼠的身體機制相當特殊，牠們即使剛生產完畢，也能立即再次懷孕繁殖。

可是如果一生完就緊接著懷孕，會對母鼠的身體造成嚴重的負擔。母鼠只要與公鼠待在同一籠，飼主就無法阻止公鼠對已懷孕的母鼠做出交配的騎乘行為。而且這個動作會對懷孕50天以上（妊娠後期）的母鼠帶來疼痛與壓力。

由於很有可能發生生產期間或生產後馬上交配的狀況，因此在生產前，一定要將公鼠和母鼠分開飼養。

人工哺育

剛出生沒多久的寶寶，就會開始喝母乳。

如果母鼠產下超過2胎的寶寶，有時候分泌的母乳甚至會不夠每一隻寶寶喝。

一旦發現有發育明顯較遲緩的寶寶時，就需要進行人工哺育。飼主請每2～3小時餵一次羊奶，幫天竺鼠寶寶補充營養。

如果很擔心寶寶的狀況，請前往動物醫院，與獸醫師討論可行方法。請根據不同情況，隨機應變。

對策

分娩後發情

母鼠產後會馬上進入發情期（分娩後發情），進入再次懷孕的狀態。通常生產後6～10小時左右會再次排卵，不過每隻情況各不相同，也曾發生2小時後再次排卵，並馬上懷孕的案例。

產後的母鼠一定要充分休養，距下次懷孕至少要休息2個月。在這段期間，請不要將公鼠放入籠子裡。

新手飼主務必謹記，一年內絕不能讓母鼠懷孕超過3次。3歲以上的母鼠懷孕風險很高，須確實管理。

不過，公鼠很容易因為一直待在一起的母鼠忽然不見，或是聽不到聲音而產生壓力。建議另外準備公鼠的籠子，並安排在母鼠籠子的旁邊。

Column 4

懷著對小動物的感情和飼育家之夢，展開經營事業（其之2）

寄身住宅區的小動物寵物店

川元先生現在一樣待在相模原市，他租了間獨棟的房屋，並在那裡繁殖與販售寵物。

在走到這一步之前，為了擁有一間寵物店，川元先生自承當初找房子找得非常辛苦。

即使找到地段不錯的出租店鋪，大部分的房東還是會在交涉後拒絕出租。後來某一天，透過一位飼育員夥伴的介紹，有房東表示他們準備搬家，願意提供自宅給川元先生，於是他便在此開始經營寵物店。那時是2019年4月。

寵物店的1樓飼養兔子和貓咪，2樓則是其他小動物的飼養空間。

這裡除了相模原市的客人之外，還有來自橫濱市、川崎市、東京都多摩地區、千葉市、靜岡縣沼津市等各地的客人。

現在店裡不僅有天竺鼠，還有繁殖和販售各式各樣的小動物，例如倉鼠、八齒鼠、青鱂、刺蝟等。

店內依循最初開店的堅持，每隻個體是以比市價一半更低的價格銷售，減輕飼育員的負擔，而且還會當場附贈飼料。販售小動物的孩子時，店家會讓客人先看看牠們的父母，如果客人願意接受，就會讓客人買下來。此外，川元先生最近正在投入獨家飼料的製造與販售，其中最受歡迎的是「【けんぼの森】獨家原創飼料」。這款飼料經過多次反覆測試，混合嚙齒類動物喜歡的原料，含有向日葵種子、大麥壓片、玉米壓片、神祕餅乾（綜合營養食品），不殘留且不浪費食物是其一大特色。

抱著天竺鼠的川元健一老闆

【けんぼの森】的高人氣獨家原創飼料

第5章

高齡與疾病照護，以及災害時的應對方針

~保護天竺鼠的其他重點事項~

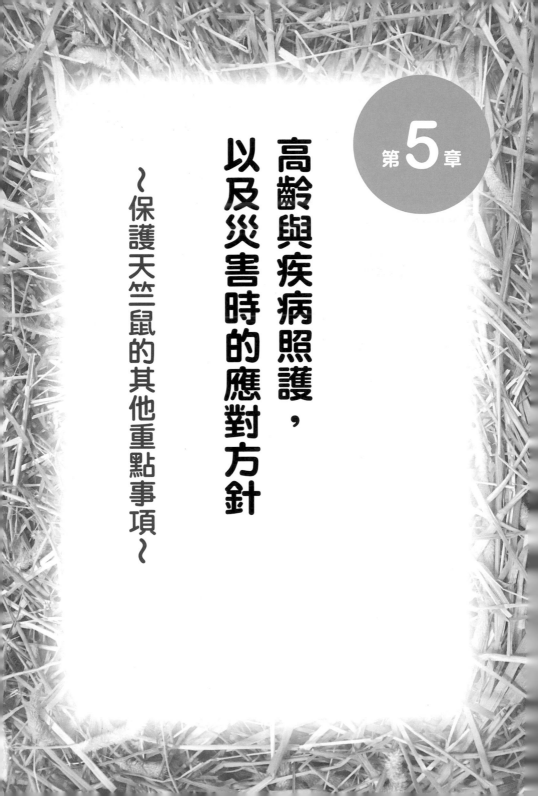

重點 44

生病或受傷的處理方針

事先了解生病和受傷的種類與相關症狀

目前已確認的疾病與傷害有相當多種。如果發現天竺鼠看起來怪怪的，請帶去動物醫院就診。

角膜炎與結膜炎

角膜是眼睛表面的透明組織。當角膜表面受傷時，就會引起角膜炎。角膜炎大多會出現角膜潰瘍的狀況，主要發生於飼養多隻天竺鼠，或是天竺鼠被牧草或乾草前端刺傷的時候。

另一方面，結膜炎是「結膜」發炎的疾病。天竺鼠在多隻飼養的環境下受到外傷後，引起披衣菌或細菌感染，就是結膜發炎的主要原因。

角膜炎與結膜炎的症狀和治療方式

角膜炎產生的疼痛感，會讓天竺鼠頻繁做出閉眼或眨眼的動作，還會經常流眼淚或眼屎。此外，角膜也有可能充血或看起來很白濁。

結膜炎會發生結膜充血或發炎的情形，一旦演變成重症，膿性眼屎便會造成眼睛睜不開。

兩者的常見治療方式都是開立抗生素眼藥水。

角膜炎與結膜炎的預防

有突起或尖刺的物品很容易刺傷眼睛，請將這類物品從飼育環境中移除。尤其在多隻飼養的情況下，罹患結膜炎的個體假若待在同一個籠子裡，特別是感染細菌性或病毒性結膜炎時，很可能導致其他健康的天竺鼠二次感染，因此請馬上將牠們分開。每隻個別養在不同的籠子裡，就能避免疾病傳染。

咬合不正

咬合不正是指未磨牙的牙齒因過度生長，導致牙齒咬合狀況變差的狀態。

野生天竺鼠需要啃咬較硬的纖維質食物，並且花時間咀嚼。

天竺鼠蛀牙或罹患牙周病時口臭會變嚴重，此外也伴隨嘴巴內部疼痛、流出大量口水，或是經常磨牙等症狀。

但是，與野生天竺鼠相比之下，寵物天竺鼠使用牙齒的機會卻減少了。牙齒磨損和生長的平衡遭破壞，未磨短的牙齒因而出現咬合不正的問題。

除此之外，啃咬金屬網也有可能造成咬合狀況變差，導致牙齒咬合不正。

咬合不正的症狀和治療方式

咬合不正會造成天竺鼠無法吃堅硬的食物，食慾下降且體重下降。

牠們沒辦法閉上嘴巴，因此會一直流口水，下顎的毛髮常常是溼的。天竺鼠還會用前腳擦拭口水，或是手碰到嘴巴裡面，所以前腳也會溼溼的。

請將天竺鼠送往動物醫院治療，磨短牙齒並調整成適當的長度和方向。如果出現咬合不正的情形，後續必須定期帶天竺鼠至動物醫院檢查，請醫院協助將牙齒磨短。

咬合不正的預防

平時請餵食牧草或提供啃咬玩具。

提摩西牧草的纖維質特別多（尤其是一割草），而且質地很硬，適合用來磨牙，建議多多餵食。

另外，針對喜歡啃咬金屬網的天竺鼠，請裝上木製的柵欄，想辦法避免金屬網被啃咬。

蛀牙與牙周病

天竺鼠和人類同樣會出現蛀牙或罹患牙周病。

罹患口腔疾病的原因是因為飼料的纖維質太少，或是餵太多高醣類的點心。

想完全根治並不容易，需要有耐心地治療，因此飼主平時就需要多注意，避免天竺鼠蛀牙或罹患牙周病。

蛀牙與牙周病的症狀和治療方式

天竺鼠蛀牙或罹患牙周病時口臭會變嚴重，此外也伴隨嘴巴內部疼痛、流出大量口水，或是經常磨牙等症狀。

如果出現前述症狀，一定要帶去動物醫院檢查。

蛀牙與牙周病的預防

為了預防蛀牙和牙周病，平時要多餵牠們吃牧草，並且澈底減少高醣類的零食。

扭傷與骨折

天竺鼠扭傷或骨折的原因有很多，例如從高處掉落，或是腳勾到籠子裡的小縫隙。

可是，天竺鼠是很能忍痛且擅於隱藏疾病的動物。即使受傷，依然能看似一如往常地過日子。以防萬一，如果飼主擔心天竺鼠可能受傷時，建議還是建議帶去動物醫院看診。

扭傷與骨折的症狀和治療方式

一旦扭傷或骨折了，牠們會拖著腳走路，開始遮掩某一隻腳，待著不活動或縮成一團。

如果症狀較輕微，治療方法為服用止痛藥，停止運動並安靜休養。

有時候會視情況安排手術，植入鋼釘以連接骨折處，假若情況危急，也有可能需要截肢。

許多情況都必須經過獸醫師判斷才能得知受傷的程度，所以如果發生疑似扭傷或骨折的狀況，請馬上前往動物醫院做進一步的檢查。

扭傷與骨折的預防

平時請檢查籠子的內部，確認是否有可能勾到腳的位置或危險的地方。

除此之外，一定要養成坐著抱天竺鼠的習慣，避免站起時抱著天竺鼠不慎失手而導致牠們從高處落下。

外傷

出現外傷的原因大多來自於衝突。

在多隻飼養環境中，住在一起的天竺鼠處得不融洽，或是公母鼠繁殖時，都會發生衝突。

最嚴重的情形，可能發生其中一方的天竺鼠被咬死的意外。

尤其母鼠會在繁殖時期嚴格挑選交配對象，如果認為公鼠不合適，母鼠可能會對公鼠撒尿或是又踢又踹，極力不讓公鼠靠近自己。

不僅如此，單隻飼養的天竺鼠在房間散步或是待在籠子裡時，也可能突然受到外傷，請多加注意。

外傷的症狀和治療方式

若是出現流血、受傷、腫脹的情形，碰到傷口會讓天竺鼠感到疼痛。

如果血流得不多，請用紗布或繃帶加以止血。

即使流血量很少，還是可能留下很大片的傷口，建議止血後直接送到動物醫院檢查一下會比較好。

外傷的預防

一旦天竺鼠開始吵架時，就應該立刻將牠們分開。最重要是將其中一方移至其他籠子。

平常放天竺鼠在房間裡散步時，要確認周遭環境是否有危險物品，或是檢查籠子內部是否有可能導致天竺鼠受傷的東西。

中暑

野生天竺鼠棲息在寒冷乾燥地帶，因此天生不耐高溫潮溼的氣候與環境。

當氣溫超過26度時，飼主就需要多加注意。在戶外飼養的情況下，必須注意溼度較高時，氣溫不能超過24度。

即使在室內飼養的情形下也不能大意，也曾經發生過停電造成空調停止運轉，飼主回到家才發現天竺鼠中暑的案例。

因此，夏季外出時，請特別留意天竺鼠的狀況。

中暑的症狀和治療方式

天竺鼠中暑時會出現呼吸急促、流口水、耳朵和舌頭變紅、嚴重腹瀉，脈搏也會更短促。

此時身體還會變很熱，因此請先用冷水將毛巾沖溼，再將溼毛巾包住天竺鼠的身體幫助降溫，並且送往動物醫院。

醫院會以休克療法或打點滴的方式治療。

中暑的預防

平時就要確實進行室內的溫溼度管理，籠子不要放在陽光直射的地方。此外，夏天出門旅遊時，請將天竺鼠寄放在寵物旅館或委託寵物保姆照顧，或是請朋友、家人定時來家裡看看天竺鼠的狀況。（請參照重點32）

軟便與腹瀉

當天竺鼠因環境變化而產生壓力，或是被餵食過多零食或發霉的飼料時，就會排出軟便。

至於造成拉肚子的原因，和軟便是一樣的，如果過了1～2天依然沒有好轉的跡象，請送往動物醫院。

除此之外，細菌感染或體內有寄生蟲時，也有可能導致天竺鼠軟便或腹瀉。

一旦發現天竺鼠腹瀉時伴隨血便，或是出現嚴重腹瀉、頻繁腹瀉的情形，請儘快帶往醫院讓獸醫師診察。

軟便與腹瀉的症狀和治療方式

軟便是褐色的，而且十分柔軟，天竺鼠一踩就會爛掉。

天竺鼠腹瀉前會經常排出溼潤的軟便，如果飼主發現有這樣的情形，請趁著糞便還新鮮時，用保鮮膜包起來，並且馬上前往動物醫院。

糞便乾掉會讓獸醫師難以發現寄生蟲疾病。

請動物醫院的醫師判斷天竺鼠腹瀉的原因，若需要打點滴或有發現寄生蟲，便會使用驅蟲藥給予治療。

如果天竺鼠看起來壓力很大，請多花心思幫牠們減輕壓力。比如說，將照顧流程固定下來，每天以同樣的方式照料，可減輕天竺鼠的不確定感，穩定牠們的精神。

軟便與腹瀉的預防

剛迎接天竺鼠回家，或是更換新款飼料時，也都可能讓天竺鼠因環境變化而排出軟便。

因此在更換新飼料時，請在新飼料中加入牠們以前吃習慣的飼料，然後再慢慢增加新飼料的比例。

除此之外，懷著關愛的心對待天竺鼠，牠們會更信任飼主，而且更有機會穩定精神並提高抗壓性。

真菌病（皮癬菌病）

所謂的真菌病（皮癬菌病）是指人類感染足癬的狀態。當皮膚對病原體的抵抗力下降時，就很容易患上這種疾病。

除此之外，舉凡溫度高、溼度高、太密集的飼養環境、營養不均衡、壓力大等問題，都可能是引起真菌病的原因。

真菌病是人類也會感染的一

種疾病。

不過，真菌病只會在身體狀況不好時感染，在免疫力很好的狀態下很少發生感染的情形。

如果目前飼養的天竺鼠得了真菌病，請飼主確實勤洗手，做好預防措施。

真菌病（皮癬菌病）的症狀與治療方式

感染真菌病的天竺鼠會脫毛，皮膚發炎且變紅。請確實改善引起症狀的環境問題，勤加清潔打掃飼養的環境，保持乾燥並進行消毒。

關於治療方法，動物醫院一般會給予抗生素，並在感染的患部塗抹軟膏。

真菌病（皮癬菌病）的預防

籠子每天要清掃2次，也要多加留意溫溼度的控管，避免環境變得高溫潮溼。

同時飼養多隻天竺鼠時，請將牠們分別放在不同籠子裡飼養，如此就可以防止疾病在多隻天竺鼠之間傳染。

細菌性皮膚炎

經由金黃色葡萄球菌和巴斯德氏菌等細菌感染而引發的皮膚炎。細菌性皮膚炎是由外傷感染所引起，特別是籠子裡有吃剩的飼料或糞便，不衛生的環境更容易出現症狀。

細菌性皮膚炎的症狀和治療方式

天竺鼠感染細菌性皮膚炎時會脫毛，皮膚發炎且變紅。若是演變成重症後，傷口甚至會出現潰爛的情形。

一旦出現細菌性皮膚炎的症狀，天竺鼠便會經常發癢。牠們會一直舔舐、搔癢或啃咬傷口。

這些行為會造成傷口惡化，請務必小心注意。

首先請檢視環境，並改善會引起症狀的問題，勤加清潔打掃飼養環境，保持乾燥並確實做好消毒。

至於治療方面，動物醫院一般會給予抗生素，並在感染患部塗抹軟膏。

細菌性皮膚炎的預防

每天打掃籠子2次，注意溫溼度的控管，避免環境變得高溫潮溼。

在多隻飼養的情況下，如果放著生病的天竺鼠不管，身上流出的膿或體液不僅會弄髒其他天竺鼠的身體和籠子，還可能傳染給其他健康的天竺鼠，造成二次感染。因此，請馬上將生病的天竺鼠隔離開來，並建議將每一隻健康的個體分開飼養，如此便可以防止疾病傳染。

足底潰瘍皮膚炎

足底潰瘍皮膚炎是手腳會出現症狀的皮膚炎。屬於金黃色葡萄球菌和巴斯德氏菌等細菌感染引起的皮膚炎。

足底潰瘍皮膚炎主要是由外傷感染所引起的。此外，缺乏維他命C時也經常引起足底潰瘍皮膚炎。

足底潰瘍皮膚炎的症狀和治療方式

症狀為四肢腳底的皮膚會發炎，且皮膚出現紅腫、傷口潰爛的現象。

假若疾病進一步惡化，周圍的毛會開始脫落，不僅止於皮膚的部分，連皮下組織也會化膿。一旦演變成重症，腫脹發炎的情形甚至會蔓延至韌帶和關節，可能引發膿瘍、骨髓炎或關節炎等疾病。

天竺鼠會因為疼痛而發出叫聲，而且愈來愈不喜歡活動。

至於治療方面，醫師會針對全身使用抗生素，並於局部患處塗抹抗生素。如果有出現膿瘍，則會進行排膿。如果傷口感染情形較輕微，有時只要局部塗藥便能完全治好，通常需要2～3個月左右的時間。

足底潰瘍皮膚炎的預防

每天都要打掃籠子2次，並且注意溫溼度的控管，避免高溫潮溼的環境。

除此之外，不使用金屬網等材質堅硬的地板，而是選擇可減少腳部負擔、可防止踩到糞便的底材。不過，牧草之類的乾草雖然很軟，但也容易被糞便或尿液弄髒。所以如果飼主無法經常打掃，那麼乾草就不利於維持環境衛生。

另外，過長的趾甲或牙齒也會造成皮膚受傷，需要適當處理。體重過重也會刺激到傷口，待在狹窄籠子裡的天竺鼠容易因運動不足而過胖，這點也要多加注意。

毛球症與腸阻塞

天竺鼠會因為壓力，而將自己的毛或其他異物吃下肚，想要吐出來時卻卡在消化器官裡，造成便祕、毛球症或腸阻塞。

引起前述症狀的原因，一般認為是飲食中的纖維質太少，或是壓力大而導致消化功能下降。

毛球症與腸阻塞的症狀和治療方式

食慾不振且只願意喝水，造成體重減輕、身體虛弱。腸阻塞尤其會出現反覆嘔吐和拉肚子的情形。

此外，排便量也會減少，造成腹部嚴重膨脹，陷入休克昏迷的狀態。

如果腸道並未完全阻塞，獸醫師會開立刺激消化運動的藥劑或化毛膏。

若是腸道完全被塞住的情況，則需要使用鎮痛劑，並搭配外科手術治療。

毛球症與腸阻塞的預防

請餵食纖維質多的食物，平時應該讓天竺鼠充分運動。

避免天竺鼠累積壓力也是很重要的事，可以放更多啃咬木之類的玩具，並且確實做好室內的溫溼度管理。

腹脹症

成的疾病。

壓力大、咬合不正、其他疾病（如慢性消化器官疾病）的併發症，或是餵食低纖維飼料，都是引起腹脹症狀的原因。

腹脹症的症狀和治療方式

腹脹症的症狀包含食慾下降、體重減輕、腹部膨脹、排便量減少及腹瀉。

獸醫師會照X光進行診斷，使用刺激消化運動的藥劑或乳酸菌製劑治療，還要讓天竺鼠積極運動，餵食高纖維質的飼料。

如果天竺鼠的呼吸變紊亂，則需要進行排氣手術。

腹脹症的預防

減少零食的餵食量，提供高纖維質的食物，並且讓天竺鼠充分運動。

除此之外，為避免天竺鼠累積壓力，要記得平常不能讓天竺鼠受到驚嚇或感到恐懼。

膀胱炎與尿路結石

罹患膀胱炎的主要原因是細菌感染。尿液中的結晶會傷害膀胱黏膜，引起膀胱炎症狀。

天竺鼠的尿液通常含有大量的鈣質成分，因此很容易形成結石。鈣質含量高的飼料正是誘發膀胱炎和尿路結石的因素，請多加注意。

膀胱炎與尿路結石的症狀和治療方式

症狀有血尿、頻尿，做出排尿姿勢卻尿不出來等排尿問題。一旦變成重症，天竺鼠會因疼痛而食慾不振或咬牙切齒，背部呈現彎曲狀態，樣子看起來跟平常不一樣。

尿道中形成結石，不僅會導致無法排尿，還會因為劇烈的疼痛而相當痛苦。

至於膀胱炎的治療方法，一般動物醫院會使用抗生素。如果尿道中已經形成結石了，那麼便會根據結石的形成部位和大小等各種條件，由醫師判斷應該投予藥劑治療，還是透過手術的方式去除。

膀胱炎與尿路結石的預防

平時可以餵食纖維質多或鈣質含量少的飼料，預防結石的形成。特別是維他命C和B6具有抑制結石形成的效果，預防效果值得期待。

維他命C缺乏症

天竺鼠的體內無法生成維他命C，會因維他命C不足而出現生病的症狀。

維他命C在維持皮膚、血管、黏膜的健康方面是不可或缺的營養素。

假若天竺鼠約10～15天未攝取維他命C，就會出現維他命C缺乏症的症狀。

維他命C缺乏症的症狀和治療方式

症狀有毛色和光澤變差、食慾不振、體重減輕、流鼻水、牙齦出血、腹瀉等。天竺鼠會隨著症狀逐漸惡化而感到關節痛，愈來愈常拖著腳走路或待著不動。

預防維他命C缺乏症

平時一定要讓天竺鼠攝取維他命C。

天竺鼠專用食品的成分含有維他命C，如果原本使用的是其他動物食品，請立刻更換過來。

另外，還需要餵食含有大量維他命C的蔬菜，市面上也有販售維他命C營養劑，可先溶入水中後餵食。

不過，「壓力」也可能是引發維他命C缺乏症的重要因素。天竺鼠壓力大時會消耗大量的維他命C，即使平時有餵食維他命C，還是會罹患維他命C缺乏症。如果發現天竺鼠出現前述情況，請重新檢視環境，消除壓力的來源。

天竺鼠常見症狀的原因與疾病

症狀	可能原因與疾病
食慾不振	咬合不正、腹脹症、便祕、毛球症、腸阻塞、膀胱炎、尿路結石、維他命C缺乏症等
脫毛	細菌性皮膚炎、真菌病、足底潰瘍皮膚炎等
眼屎	眼睛裡有眼垢、結膜炎、角膜炎、咬合不正等
腹瀉、軟便	腹脹症、中暑、腸阻塞、維他命C缺乏症、細菌、寄生蟲等
便祕	腹脹症、毛球症、腸阻塞等
糞便變小	腹脹症、便祕、毛球症、腸阻塞等
拖著後腳	外傷、扭傷、骨折、維他命C缺乏症等
沒有精神	咬合不正、腹脹症、便祕、毛球症、腸阻塞、中暑、糖尿病、膀胱炎、尿路結石等
出現血尿	膀胱炎、尿路結石等
呼吸急促紊亂	腹脹症、中暑等
頻繁抓搔身體	細菌性皮膚炎、真菌病等
受傷	外傷、扭傷、骨折等

重點 45

生病或受傷的處理方針

生病或受傷時，環境溫溼度與衛生清潔應花更多心思管理

即使平時都非常細心留意，天竺鼠還是有可能生病。讓我們一起學習生病時的應對方法吧。

充分注意溫溼度管理

天竺鼠生病時，體溫大多會比健康的時候來得低。

因此，請比平常更注意溫溼度的管理。

多加留意夏天冷氣是否太冷，是否確實做好防寒準備，是否有風從縫隙吹進來的地方。（請參照重點21）

花心思打造舒適的生活環境

如果沒有定期清掃排泄物，導致籠子內部長時間且持續處於髒亂的狀態，有可能會因此引發其他疾病。

請記得保持籠子內部整潔，儘量讓待在裡面的天竺鼠過上舒適的生活。

除此之外，也建議飼主多想辦法，將籠子放在方便觀察與交流的位置。

安靜第一

不能因為天竺鼠生病就輕易做出關心或觸摸的動作，這樣會讓牠們產生壓力。

生病時，請以安靜為第一要務。讓天竺鼠好好休息並觀察狀況，儘量讓牠們靜靜待著，然後再慢慢出聲對牠們說話就行了。

強制餵食的方法

天竺鼠因生病而不願意吃飼料時，飼主可採取強制餵食飼料的方法。

將牧草或顆粒飼料倒入打粉機（將食材打成粉末狀的機器）中打成粉，加入溫水中攪拌至泥狀。抱起天竺鼠，或是用毛巾捲起來固定好，用針筒慢慢餵食。

天竺鼠吃飽之後就會不願意進食，這時請停止強制餵食。

勉強餵食可能導致食物掉入氣管，請特別注意。

對策

不願意吃藥，該怎麼辦？

如果天竺鼠不願意吃藥，可以將藥混入100%果汁、乳酸菌整腸膏或零食裡。

遇到拒絕吃藥的情況時，請帶著天竺鼠前往動物醫院，並與獸醫師進行討論。醫院將以其他的方式治療。

請確實依照獸醫師的指示執行，不要自行判斷並餵食超過規定量的藥，也不能中途停藥。為了防範未然，平時可以先準備好針筒並加以練習。

生病或受傷的處理方針

重點 46

送往動物醫院時，有哪些注意事項？

臨時送往醫院時，在運送方式上有幾點需要注意。事先了解一下共有哪些事項吧。

攜帶外出提籠時應注意的事項

送往動物醫院時，會使用小型的外出提籠。

移動時，請避免籠子的震動或晃動，儘量想辦法降低天竺鼠的身體負擔。

為了減輕天竺鼠的壓力，可以在籠子外面加上蓋布，也可以放入包包中，儘量不要讓牠們暴露於眾。

此外，如果距離出發之前還有一些準備的空檔，建議在安排前往醫院的前幾天，將提籠當作天竺鼠的床鋪並沾上氣味，讓天竺鼠適應提籠或籠子。

記得先在籠子裡放一些牧草

這裡要提醒各位飼主，天竺鼠沒辦法不吃東西，因此請事先在籠子裡放一些牧草，讓牠們能夠隨時進食。

如果天竺鼠不會亂咬，則可

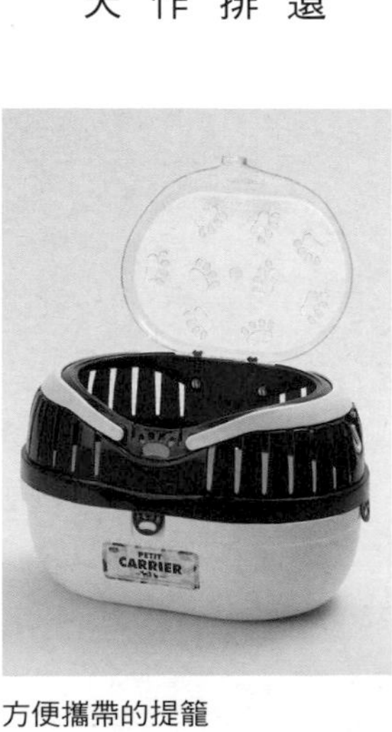

方便攜帶的提籠

以鋪上寵物尿布墊，避免排泄物弄髒身體。

考慮到移動距離和等待時間較長，準備可安裝飲水瓶的籠子款式會比較安心。

外出也要留意防中暑或保暖

天竺鼠的身體較為虛弱時，特別需要注意溫度管理。如果在夏天時外出，請選在中午前或傍晚等較涼爽的時段運送天竺鼠；冬天時，則選擇太陽出來的時段會更好

此外，夏季時可用毛巾包裹籠子並搭配使用保冷劑；冬季則可將暖暖包放在天竺鼠咬不到的地方。

醫院就診的事前準備

發現天竺鼠看起來和平時不一樣，感覺怪怪的時候，請拍下照片或影片，並拿給獸醫師看。另外，就診時也可以將天竺鼠的糞便帶過去。

為避免在診間臨時找不到照片或影片，請事先將檔案儲存在能夠馬上找到的手機空間裡。

進入診間後，有可能因一時匆忙，而沒有辦法好好說明症狀或告知情況，因此建議先將擔心或在意的事項整理成筆記。請明確條列出最希望獸醫師診察的部位，並且練習說明清楚。此外，也要針對獸醫師說明的重要內容做筆記。

Check!

移動時需確認或注意的事項

夏天車子內部非常悶熱，如果開車前往，請打開空調降低溫度後，再將天竺鼠放入；冬天則需要事先打開暖氣。另外，請注意不要將天竺鼠留在車內，即使只有一下子也不行。

搭電車或公車等大眾交通運輸工具時，也別忘了事先在官網上確認是否可以攜帶小動物上車。

日本JR東日本規定，攜帶小狗、貓、鴿子等小動物（不包含猛獸或蛇類），需要支付「隨身物品費用」290日圓（2020年10月資訊）；可將動物放入提籠或籠子裡一起上車。除了避開尖峰時段外，夏天還要注意冷氣的強風；冬天車廂內會因暖氣而變得悶熱，記得讓提籠內保持通風。

重點 47

生病或受傷的處理方針

尋找合適的動物醫院，為天竺鼠做好健康把關

為預防天竺鼠突然生病或受傷，事前收集可立即前往的醫院。

天竺鼠屬於特殊動物

天竺鼠在分類上屬於特殊動物（Exotic Animal）。所謂的特殊動物，簡單來說就是除了貓狗之外的所有動物，兔子、倉鼠、烏龜、鸚鵡、八齒鼠和毛絲鼠都屬於特殊動物，天竺鼠也不例外。

有許多動物醫院只替貓狗診察，因此一定要事先找到能夠幫特殊動物看診的醫院後，再前往就醫。

順利找到合適的動物醫院之後，以防萬一，在出發前請先打電話給醫院，確認是否能夠幫天竺鼠看病，並且告知生病的症狀。

從動物醫院的官網可以得到許多資訊

天竺鼠飼主的推薦同樣值得信賴

另外，也可以向其他天竺鼠飼主請益，詢問他們推薦的動物醫院，或是他們自身常去的動物醫院。

向有經驗的飼主諮詢，可以事前收集更多有用的資訊，例如動物醫院的氛圍、應對方式，以及負責醫師的問診方式與風格等。

透過網路搜尋

除此之外，也可以上網搜尋關鍵字「天竺鼠 動物醫院（地區名）」、「特殊動物 動物醫院（地區名）」，尋找家裡附近能幫天竺鼠看病的動物醫院。

動物醫院的官網一般會公布地址、電話號碼、看診時間、醫院特色，以及可診療的動物相關資訊。

詢問寵物店、飼養員或領養人

飼主也可以詢問當初提供天竺鼠的寵物店、飼養員或是領養人，請對方推薦曾經帶天竺鼠前往，或是可替天竺鼠看診的動物醫院。

同時也建議事先問看看，假若晚上發生緊急狀況時，有哪些動物醫院可以協助處理，如此一來，若日後發生意外時便能夠順利應對。

對策

定期做健康檢查

決定好常去的動物醫院後，為了預防生病並維持健康，建議每年都讓天竺鼠做一次健康檢查。健康檢查時，請參考重點24，帶著每日健康紀錄一同前往會比較好。

健康檢查的項目包含糞便檢查、觸診、視診、牙齒檢查，確認是否有腫脹的地方，必要時會照X光或檢查血液。而當天竺鼠年紀變老後，請增加健康檢查的次數。此外，替天竺鼠健康檢查時，也可以向獸醫師詢問與商量平時在意或煩惱的事。

這麼做可加深飼主與獸醫師的信任關係，遇到突發狀況時，常替天竺鼠看診的醫師也能提供更具說服力的治療。

重點

48

高齡照護

打造零壓力環境，守護高齡鼠的老年生活

天竺鼠和人一樣，身體的各種機能都會隨著年齡愈來愈退化。相較於年輕的天竺鼠，照顧邁入高齡的天竺鼠時，需要特別花心力照顧。

確實管理溫溼度，提供零壓力的生活

當天竺鼠大約4歲過後，即開始進入老年期，可以說滿4歲時便算是高齡天竺鼠了。在高齡天竺鼠的照顧上，最重要的工作就是溫溼度的管理。因此，請飼主特別注意控管飼養環境的溫度和溼度。

此外，天竺鼠是抗壓性很低的動物。飼主需要觀察天竺鼠適合的食物和運動量，儘量想辦法讓牠們過上零負擔的生活。

另外，關於接下來說明的籠子擺放位置及飲食內容的變動，由於高齡天竺鼠很容易因突如其來的變化而產生壓力，因此請循序漸進地執行。

籠子內部的照料

請重新配置飲水瓶和牧草盆的位置，放在天竺鼠可以輕鬆取得的地點。

高齡天竺鼠

如果地板上有放踏板，則要鋪上柔軟的木屑或牧草等底材，以免天竺鼠勾到腳而受傷，稍微改變生活環境，就能讓高齡天竺鼠過得更放心。此外，天竺鼠可能被啃咬木絆倒，建議換成不會絆到腳的形狀。

另外，如果籠子內有擺設能夠往高處爬的梯子或睡窩，也建議取下來，或是改變擺放位置，降低階梯的高度以免摔倒。除此之外，也別忘了增加底材木屑或牧草的量。

飲食管理

為了維持天竺鼠進入高齡後牙齒依然健康，請儘量餵牠們吃能夠增加咀嚼次數的牧草或顆粒飼料。

如果發現天竺鼠牙齒咬不動或生病了，則增加顆粒飼料的分量，或是餵食柔軟的牧草。假若遇到完全不願意進食牧草或顆粒飼料的情況時，也可以改餵牠們吃粉末狀的流食。

天竺鼠的照護食品

如果天竺鼠無法自行進食，請飼主餵牠們吃飯吧。

什麼都不吃是會死掉的，餵天竺鼠吃還能夠進食的食物是很重要的事。可選擇LIFECARE（粉末食品），或是用打粉機將天竺鼠喜歡的食物磨成粉，並強制餵飼料。（請參照重點45）

對策

飼主無需勉強，應保持身心健康

照顧高齡天竺鼠的過程中，飼主應該也會有因挫折而感到失落，或是不安而陷入情緒不穩的時候吧。

然而，如果飼主因承受巨大的精神壓力而生病，就會沒有辦法照顧天竺鼠了。

在此建議，當飼主發現自己感到失落與心神不定時，請多找其他人聊聊天、發發牢騷；偶爾也能請朋友、熟人或家人代為幫忙照料天竺鼠，給自己鬆口氣的片刻，想辦法讓自己保持健康的身心狀態。

或許此時此刻真的很辛苦、必須咬牙忍耐，但只要有傾注愛心照料，相信飼主內心的關懷之情一定會傳達給天竺鼠。

重點 49

災害應對方針

提前做好準備，面臨緊急災害才能即時應變

我們都無法預料什麼時候會突然發生自然災害。為了保護重要的天竺鼠，一起做好防災對策吧。

飼主應自發性主動保護天竺鼠

以日本為例，假若所處國家與地區是較容易發生地震或颱風等自然災害，飼主更需要了解災害發生時該如何避難。

首先，請確認自己居住地區的避難所位在哪裡，並且檢查避難路線。然後還要準備人和天竺鼠的避難用品。而天竺鼠的避難用品，最少也要準備一週左右的分量。

了解天竺鼠喜歡的食物有哪些

天竺鼠有可能會因為壓力大而完全不吃東西。

為避免發生這樣的情形，平時就要掌握天竺鼠喜歡的東西，遇到災害時餵牠們吃喜歡的食物，確保牠們能好好進食。

平時實施防災訓練

為災害發生時做好準備，平時可進行防災訓練，測量將天竺鼠放入提籠需要幾分鐘，以及走出家門需要幾分鐘。

防災訓練也可以作為緊急狀況時送往動物醫院的練習，臨時發生事情時，應該就能不慌不忙地行動。

避難專用提籠

考量到可能會在避難所待很長一段時間，請使用可掛上飲水瓶的款式作為避難用提籠；為避免天竺鼠跑出籠子，可選擇堅固的材質。

除此之外，為了以防萬一，建議在提籠上放聯絡人的名牌。

對　策

避難攜帶的物品清單

事先準備好以下避難用品會比較放心，臨時發生狀況時就能馬上帶走。

- □攜帶用提籠
- □提籠的蓋布
- □飼料盆
- □飲水瓶
- □塑膠袋
- □飼養日記
- □食物（約1週分量）
- □飲用水
- □寵物尿墊
- □報紙
- □溼紙巾
- □動物醫院就診單
- □暖暖包
- □保冷劑
- □滴管
- □藥品
- □除菌除臭噴霧

此外，還可以透過社群媒體聯絡其他天竺鼠的飼主，彼此隨時交換情報。

重點 50

與天竺鼠道別

離別之後，如何送天竺鼠最後一程？

生命終究會結束。為了迎接那一天的到來，飼主需要先記住幾件事。

以感謝之心道別

雖然離別會感到很悲傷，但終究會迎來必須與可愛的天竺鼠道別的那天。

直到天竺鼠踏上旅途為止，請抱著不後悔的心，用愛來對待珍愛的牠，最後也要抱著感恩的心送別。

想必天竺鼠應該也不希望在天國看見飼主悲傷的樣子，而是更想看到飼主過著幸福的日子。

此外，也要先想想萬一自己發生意外，後續該如何安頓天竺鼠，並且留下筆記。

埋在自家庭院 隨時紀念天竺鼠

如果家中有庭院，不

寵物禮儀公司的挑選守則

每個國家或地區針對動物火葬業者會制定法律規範，請事先確認居住地區的規章。以下為挑選業者的守則，務必慎選寵物禮儀公司。

其1 不能只看一家，而是評比多家禮儀公司的報價。

其2 請對方提供報價時，應告知寵物的種類及大小等必要資訊，並以書面形式確認包含選項費用的總金額。

其3 若熟人有過寵物去世的經驗，可以找對方商量。

其4 如果有寺廟提供寵物禮儀服務，可在天竺鼠生前先去一趟。

妨將天竺鼠埋葬於庭院中。

在庭院裡挖埋葬的洞穴時，請儘量挖出深度至少40公分的凹洞，並且蓋上充分的土壤。

需要注意的是，土若是挖得太淺，可能會因為下雨或某些原因，造成土壤流失而露出遺體，或是其他野生動物聞到氣味後，會跑來挖土。

委託寵物禮儀公司

如果打算委託寵物禮儀公司安排火葬，其中也包含各式各樣的形式。例如安排多隻寵物一起火葬的共同喪禮，或是單獨火葬的單獨喪禮，另外也有飼主和家人站在祭壇前做最後道別的列席喪禮等形式。

請和禮儀師仔細討論，如此一來，一旦發現環節中有任何疑問，便能夠立即確認。

除此之外，也請仔細考量自己的心情和可負擔的預算後，再決定喪禮的類型。

告知去世前的過程及生病時的症狀

如果天竺鼠有常去的動物醫院，請將去世前的過程和生病的狀態記錄下來，並且告知家庭獸醫師。

請透過社群媒體將去世前的狀況分享給更多人。

這或許是很珍貴的線索，能幫助其他患有相同疾病或症狀的天竺鼠。

Check!

委託寵物禮儀公司前確認的事項

委託寵物禮儀公司之前，請先確認以下幾點事項。

- 確認官網是否公開過去火葬寵物的實際經驗。
- 寵物禮儀公司的評價資訊。
- 火葬費用是否包含迎接費（出差費）？
- 週六、週日及國定假日是否可配合處理？　需要追加額外費用嗎？
- 喪禮結束後會有其他費用嗎？

【製作工作人員】

■編輯 / 製作計畫 有限会社イー・プランニング
■ DTP・本文設計 / 小山弘子
■插圖 / 田渕愛子
■攝影 / 上林徳寛
■攝影協力・照片提供
宮西万里（スキニーギニアピッグ園）
川元健一（けんぽの森）
熱帯倶楽部　東川口本店

第一次養天竺鼠就上手

出　　版／楓葉社文化事業有限公司
地　　址／新北市板橋區信義路163巷3號10樓
郵政劃撥／19907596　楓書坊文化出版社
網　　址／www.maplebook.com.tw
電　　話／02-2957-6096
傳　　真／02-2957-6435
監　　修／田向健一
翻　　譯／林芷柔
責任編輯／江婉瑄
內文排版／楊亞容
校　　對／邱鈺萱
港澳經銷／泛華發行代理有限公司
定　　價／320元
初版日期／2022年8月

國家圖書館出版品預行編目資料

第一次養天竺鼠就上手 / 田向健一監修；
林芷柔翻譯. -- 初版. -- 新北市：楓葉社文
化事業有限公司, 2022.08　面；　公分

ISBN 978-986-370-438-6（平裝）

1. 天竺鼠　2. 寵物飼養

437.394　　111008430